UP STYLE

업스타일

김진수 · 정원지

경춘사

들어가면서

PREFACE

머리를 아름답게 꾸미고자하는 인간의 욕구와 관심은 사회문화의 변천과 맞물려 시대의 흐름과 함께 변모와 발전을 거듭해 왔습니다. 업스타일은 인류역사와 함께 한 오랜 역사를 가지고 있으며, 활동적인 면과 미적인 측면을 고려한 생활의 필요에 의해서 발전되어 왔습니다. 경제성장과 함께 여성들의 사회참여 및 경제적 활동이 많아지면서 여성들의 외면적 치장에 관심이 높아지고 더불어 헤어스타일을 아름답게 하려는 경향이 두드러지게 나타나고 있습니다. 그로인해 헤어스타일의 한 분야인 업스타일도 형태가 다양해지며 자연스러운 스타일로 변화하며 발전해가고 있습니다.

업스타일은 우리가 보통 업스타일로 이해하고 있는 긴 머리를 묶거나 틀어 올려 장식품과 함께 스타일링 하는 올림머리에서부터 머리 길이를 멋스럽게 연출하는 롱 헤어스타일, 짧은 머리 자체에 컬 형태나 피스 활용을 통한 창작헤어스타일에 이르기까지 매우 다양하게 응용되어지고 있습니다. 그 소재가 되는 머리를 단시간에 다양한 스타일로 변화가 가능하고, 단순한 스타일에서부터 복잡하고 오묘하며 예술성이 높은 스타일까지 연출하는 것이 가능하기 때문에 헤어스타일의 예술성에 대하여 깊고 폭넓게 이해할 수 있습니다. 그리고 입체적이면서 심미적인 아름다움의 표현과 창출을 위한 헤어디자인의 한 분야로, 다양한 문화가 발달한 현대에는 개성을 강조하는 여러 가지 디자인이 요구되고 있으며, 그로인해 끊임없이 새로운 디자인이 창조되고 있습니다.

이 책은 모두 3장으로 구성되어 있습니다. 1장은 업스타일의 개요, 개념, 역사, 디자인의 구성요소, 업스타일 조형의 시각 원리, 업스타일 결정시 고려사항, 업스타일 도구 및 사용법에 대하여 다루었습니다.

2장은 업스타일에 필요한 기초 기술로 블로킹, 백콤, 토대 만들기, 기본 묶기, 헤어 패딩, 프론트 디자인, 땋기, 꼬기, 매듭과 겹치기, 고리 만들기, 헤어 웨이빙에 대하여 이해하기 쉽도록 설명하였습니다.

3장은 업스타일 디자인을 땋기 스타일, 매듭 · 겹치기 · 꼬기스타일, 양감 스타일, 웨딩 스타일, 응용 스타일, 창작 스타일, 고전머리 스타일 등 기본 기술을 혼합하고 응용하여 작품을 만들어 따라서 실습하기 쉽도록 사진으로 제시하였습니다.

이 책을 통하여 업스타일을 공부하는 미용학전공 학생이나 미용현장에서 일하는 미용인들에게 다소나마 도움이 되기를 바랍니다. 아직도 부족한 점이 많음을 자인하며 더욱 보완시켜 나갈 수 있도록 노력할 것을 다짐합니다. 부족한 원고가 세상에 나올 수 있도록 도와주신 경춘사 안중기 대표님과 편집부 및 임직원 선생님들께 진심으로 감사함을 전합니다.

끝으로 믿음과 지혜를 허락하신 하나님께 감사드리며 가족들에게도 깊은 감사를 전합니다.

2016년 1월

저자 일동

PART

03

업스타일 디자인(up-style design)

UP STYLE

PART

01

업스타일의 개요

1. 업스타일의 개념

1) 업스타일의 정의

머리를 아름답게 꾸미고자하는 인간의 욕구와 관심은 사회문화의 변천과 맞물려 시대의 흐름과 함께 변모와 발전을 거듭해 왔다. 업스타일은 인류역사와 함께 한 오랜 역사를 가지고 있으며, 활동적인 면과 미적인 측면을 고려한 생활의 필요에 의해서 발전되었다. 예나 지금이나 의복이 화려해지면 헤어스타일도 화려해졌으며, 의복이 단순해지면 헤어스타일 역시 단순해짐을 알 수 있다.

경제성장과 함께 여성들의 사회참여 및 경제적 활동이 많아지면서 여성들의 외면적 치장에 관심이 높아지고 더불어 헤어스타일을 아름답게 하려는 경향이 두드러지게 나타나고 있다. 그로인해 헤어스타일의 한 분야인 업스타일도 형태가 다양해지며 자연스러운 스타일로 변화하며 발전해가고 있다.

업스타일은 up과 style의 합성어로서 사전적인 의미를 보면, "여자의 머리 꾸밈새의 하나이며, 머리카락을 위로 치켜 올려 목덜미를 드러나게 한다."라고 정의 되어 있다. 그리고 업스타일이란 "머리를 높게 빗어 올려 위에서 마무리 하고 목선을 드러내는 여자의 머리모양 또는 여자의 머리 꾸밈새"라고 정의하기도 한다. 그러므로 업스타일은 모발을 빗어 한곳에 모아 묶거나, 핀으로 모발의 면과 컬을 고정하는 수단을 이용하여 두상의 일부 또는 전체에 특정한 모양과 형태를 만들어 스타일링 하는 것이라고 할 수 있다.

업스타일은 머리카락을 높게 빗어 올려 목덜미를 보이게 두상의 윗부분에서 묶거나, 핀 등으로 고정하여 스타일을 만드는 올림머리뿐만 아니라, 두상의 아래쪽에 쪽을 짓거나, 흘러내리는 웨이브를 있는 그대로 살려 고정하는 내림머리 등 두상에서 연출되는 모든 형태의 스타일이다. 그리고 볼륨을 없애고 후두부에서 깔끔하게 묶은 시뇽(chignon)스타일이나, 전체로 불룩함을 만들어 주는 퐁파드루(pompadour)스타일 등도 포함하는 머리형의 총칭이다. 그러면서 입체적이고 조형적인 아름다움의 표현과 창출을 위한 헤어스타일의 한 분야이다. 그리고 고객의 두상과 얼굴형 등 고객의 정보를 종합하여 다양한 테크닉(technique)으로 고객의 아름다운 미용 이미지를 창조하는 헤어디자인의 한 형태이다.

업스타일은 올림머리, 시뇽(chignon), 롱 헤어스타일링, 브라이더 헤어스타일(bridal hairstyle), 업두 헤어스타일(updo hairstyle)이라고 불린다. 시뇽은 여자뒷머리에 땋아 붙인 쪽을 말하며 프랑스에서 일반적인 업스타일을 일컫는 말이다.

기술상으로는 긴 모발을 활동목적에 따라 간편하고 편리하면서 아름답게 표현하는 헤어스타일을 만들기 위하여, 빗거나 땋아서 모발을 두상위에 가지런하고 질서 있게 장식한 머리모양을 만드는 것이다. 그러므로 핀이나 끈 등을 이용하여 묶거나, 매거나, 꼬거나, 땋은 모발을 고정하고, 모발의 결과 웨이브 등의 흐름을 강조하여 고정하며 스타일을 만드는 방법이다. 더불어 미적인 감각과 합목적성의 조화를 통한 다양한 방법의 헤어스타일을 연출하는 것이라고 할 수 있다.

2) 업스타일의 의의

업스타일은 시대를 거치는 동안 무수히 많은 스타일로 변화 발전되어왔다. 고대시대부터 시대상에 따른 다양한 인간문화의 변천과 맞물려 변모와 발전을 거듭해왔으며, 단순히 아름다움을 위한 장식목적에 그치지 않고, 개인의 신분이나 계급을 정하는 중요한 표시수단으로써의 역할을 병행해 왔다. 특히 17~18세기 프랑스를 중심으로 사교계의 대표 인물이었던 부인들의 이름이 붙여진 퐁탕주(fontange)스타일, 퐁파드루(pompadour)스타일 등은 그 시대상을 엿볼 수 있는 스타일이다. 우리나라의 경우에는 얹은머리, 쪽진 머리, 땋은 머리 등으로 분류되며, 얹은머리에는 큰머리(거두미), 대수, 어유미, 트레머리, 둘레머리 등이 있다. 쪽진 머리는 첩지머리, 조짐머리, 삼상투, 쌍계, 쌍수계, 생앙머리, 사양계 등이 있으며, 땋은 머리는 배씨머리, 바둑판 머리, 종종머리가 있으며 댕기머리라고도 한다.

높게 올려 진 머리 모양이 과거에는 지위와 아름다움을 표시하는 수단이었다면, 현대의 업스타일은 위로 올려 빗는 것뿐만 아니라, 어느 방향으로든 머리를 땋거나 꼬기, 혹은 하나의 포인트를 만들어 목덜미 위 어느 한 곳에 고정시켜 아름답게 연출시키는 모든 헤어스타일도 업스타일에 포함시키기도 한다.

또한 현대에 와서도 일상생활 속에서의 간단한 업스타일뿐만 아니라, 중요한 의식이나 행사 등에 그 적용범위가 넓어지고 있으며, 그에 따라 미적인 감각과 쓰임새의 조화를 통한 창의적이고, 다양한 기술이 개발되어지고 있다.

이러한 업스타일은 우리가 보통 업스타일로 이해하고 있는 긴 머리를 묶거나 틀어 올려 장식품과 함께 스타일링 하는 올림머리에서부터 머리 길이를 멋스럽게 연출하는 롱 헤어스타일, 짧은 머리 자체에 컬 형태나 피스 활용을 통한 창작헤어스타일에 이르기까지 매우 다양하게 응용되어지고 있다

우리나라의 20세기 업스타일은 격식을 갖춰 한복을 입어야 하는 경우나 결혼을 할 때 주로 하는 헤어스타일이었다. 그러나 21세기에 들어와 생활의 윤택함과 여유로움으로 간단한 모임이나 파티문화의 발달, 수준 높은 음악회 등이 생활화 되면서 가족과 단체 등 고객의 수효가 점점 많아지는 추세이므로 간단하며 실용적인 업스타일을 선호하는 경향으로 변화되고 있다.

업스타일은 무엇보다도 디자인의 기초지식이 중요하다. 개인에 따라 두상 및 얼굴형, 신체의 균형, 조화가 다르기 때문이다. 그리고 모발이라는 소재를 어떻게 조화롭게 디자인하느냐가 중요하다. 또한 시간, 장소 목적에 따른 머리 길이와 머리형, 상황, 개인적인 스타일 센스, 최근 패션 경향 등의 감각이 요구되기 때문이다.

헤어스타일은 순수하게 미적인 가치만을 추구하는 일반적인 예술과는 달리 인간의 사상과 감정을 합리적으로 구성하는 창조활동을 통하여, 시술 대상에게 심리적 안정과 자신감을 충족시켜 삶을 즐겁고 행복하게 해줄 수 있는 삼차원적인 디자인 작업이라는데 헤어스타일의 중요성이 담겨 있다고 할 수 있다.

또한 과거에는 신분을 상징하고 부와 권력을 나타내는 수단이기도 했던 헤어스타일이 현대에서는 아름다워지고자 하는 욕구충족을 위한 외모 가꾸기 차원을 넘어서 사회적 환경의 변화와 함께 결점을 보완하여 자신감을 갖게 하는 심리적 만족과 미적 가치를 적극적으로 표현하는 문화로 인식되고 있다.

업스타일은 그 소재가 되는 머리를 단시간에 다양한 스타일로 변화가 가능하고, 단순한 스타일에서부터 복잡하고 오묘하며 예술성이 높은 스타일까지 연출하는 것이 가능하기 때문에 헤어스타일의 예술성에 대하여 깊고 폭넓게 이해할 수 있다. 그리고 입체적이면서 심미적인 아름다움의 표현과 창출을 위한 헤어디자인의 한 분야로, 다양한 문화가 발달한 현대에는 개성을 강조하는 여러 가지 디자인이 요구되고 있으며, 그로인해 끊임없이 새로운 디자인이 창조되고 있다.

예술성이 필요하고 강조되는 업스타일을 만들기 위해서는 기술과 창작성이 함께 요구되며, 디자인에서의 조형과 그것들을 이루는 요소들에 대한 선행학습이 필요하다. 그리고 이러한 요소들을 표현하는 방법이 되는 기본 기술들을 익히고, 반복하여 숙련시킨 기술력을 바탕으로 체계적인 디자인 원리와 조형감각을 업스타일에 표현할 수 있어야 한다.

3) 업스타일의 특성

업스타일은 여성스러움과 우아함, 로맨스를 묘사하는 예술을 표현하는 형식으로 입체적이고, 심미적인 아름다움을 나타냄과 창출을 위한 'Hair Styling'의 한 분야라 할 수 있다. 그리고 기능적인 면에서는 다른 매뉴얼보다 더 많이 디자인이 강조되고, 뛰어난 조형감각이 요구되어 미용분야에서 다양한 경험과 일정한 경력이 쌓여 기술과 감각이 더해졌을 때 풍부한 감성과 기술적인 테크닉이 조화를 이루어 작품의 완성도를 높일 수 있는 특징을 갖는다.

따라서 업스타일의 디자인을 위해서는 먼저 미에 대한 조형요소를 이해하고, 그 표현방법에 있어서도 반복된 숙련을 통해 얻어진 기술에 의해 기본적인 바탕부터 이루어져야 한다. 그리고 그 토대 위에 조형감각과 체계적인 원리의 이해를 통하여 고객의 요구를 폭넓게 수용하고 헤어디자이너의 예술적 감각을 더하여 예술성을 대중화함으로써 미용의 한 부분으로 표현할 수 있는 것이다.

커트가 감소시키는 미학이라면, 업스타일은 더하는 미학으로 여성스러움과 우아함을 묘사하고자 하는 예술적인 디자인에 따라 양감을 넣어 풍부하게 하거나, 확장하여 연결하기도 한다. 그리고 모발을 넓게 펴거나 축소하기도 하며 헤어피스를 사용하여 모발의 분량을 보충하기도 한다.

업스타일은 빠른 시간에 여러 가지 스타일로 바꿔가며 표현할 수 있으므로 커트나 펌과는 달리 새로우면서 다양한 스타일을 만들 수 있는 영역의 폭이 넓다. 따라서 헤어디자이너는 일상생활 속에서 학습하고 체득할 수 있는 다양한 소품 활용, 아이디어 등을 통하여 독창적이면서 아름다운 작품세계를 자유롭게 구사할 수 있는 창의적이고, 다양한 기술이 개발되어질 때 질적인 가치를 높일 수 있다.

이러한 업스타일은 우리가 일반적인 업스타일로 이해하고 있는 긴 머리를 길이 그대로 묶어서 틀어 올려 장식품 등을 이용하여 스타일링 하는 올림머리에서부터 짧은 머리에서 헤어 컬을 이용하거나, 가발이나 헤어피스 등을 사용하여 응용한 창작 헤어스타일까지 다양하고 멋스럽게 만들어 연출할 수 있다.

그리고 업스타일을 행하기 전 전기 세팅, 블로우 드라이, 아이론 등의 각종 도구를 이용하여 사전작업이나 사후작업을 하기도 하며, 때에 따라 커트를 하거나 염색이나 탈색 등을 하는 경우도 있다. 이처럼 모든 것이 조화롭게 완성되어야 완성도 높은 아름다운 업스타일이 가능한 분야여서 특수한 기능으로 인식되고 있다. 업스타일이 모든 이미지 표현방법 중에서 가장 아름답고 우아한 스타일이기도 하지만, 무엇보다 최고의 스타일로 자신을 치장하려는 인간의 욕구에서 본질을 찾을 수 있다.

업스타일에 필요한 여러 가지 요인 중에서 작품의 질을 결정하는 것은 디자이너의 기술적 표현과 창의력이며, 스타일에 있어서 감성을 표현한다는 것은 전체와 부분의 세부적인 요소마다 헤어디자이너의 섬세함이 연출되어 나타나는 것이다. 스타일에 따라 정해진 시간과 소재 안에서 작품의 완성도를 높이는 것이 매우 중요하며, 이것은 헤어디자이너 스스로의 반복된 훈련으로 인해 생겨나는 결과이므로 수많은 감각적인 훈련이 필수가 되어 완성도를 최대화 시켜야 한다.

2. 업스타일의 역사

미적인 욕구의 증대와 미용기술의 향상으로 다양한 디자인의 업스타일을 연출 할 수 있게 되었고, 올림머리 형태의 업스타일은 1960년대를 기점으로 업스타일이 점차 유행되었다. 1970년대 이후 점차 퇴조하는 현상을 보이다가, 최근 다시 여성의 아름다움을 부드러우면서 우아하고 클래식하게 표현하는 기법으로, 복고적인 경향과 더불어 다시 유행하고 있다. 서양의 업스타일은 고대 피라미드의 형태나 돔 사원의 모양에서 유래되어 왔다. 그들의 두발 수건과 같은 소지품을 보게 되면, 피라미드의 모양을 본떠 만들어 사용한 것이다. 웨이브를 연출할 때 이용되어진 도구가 원뿔 모양인 것을 볼 때, 이들은 업스타일을 연출하는데 있어서 그 모양을 응용하여 만들었다는 것을 알 수 있다.

1) 한국미용의 역사

(1) 고대

가) 고조선

신석기시대의 유적지인 농포동 패총에서 사슴뿔로 만든 비녀가 출토되었다. 청동기 문화를 배경으로 세워진 고조선시대의 미용의 실체를 입증할 근거는 희박하다. 그렇지만 청동기시대의 뼈 비녀와 초기 철기시대의 물소 뿔로 만든 비녀 등 그 밖의 유물이 출토되는 것으로 미루어 보아, 지금으로부터 4,000여년 이전에 『단군신화』를 통해 이미 쪽진 머리와 상투 머리가 이용된 것으로 보인다.

우리 민족의 시조이고 고조선의 창업왕인 단군에 관한 신화내용은≪삼국유사≫의 "곰이 약을 먹고 사람 몸을 얻어 여자가 되다."와 ≪제왕운기≫의 "신의 손녀가 약을 먹고 사람 몸을 얻어 여자가 되다."라고 하는 이 두 표현 사이에는 기층적인 공질 성이 있는 듯이 보인다. 공질 성은 곰도 신과 마찬가지로 사람이 아니라는 사실에 착안함으로써 얻어지게 된다.

『단군신화』의 기록에 쑥과 마늘을 복용했다는 기록이 있는데, 이러한 쑥과 마늘에는 미백효과가 있다. 그리고 겨울에는 동상을 예방하며 미백효과를 가지고 있는 돼지기름(돈고)을 발라 피부를 보호하고 추위를 견뎠다. 또한 말갈 인들은 오줌으로 세수를 하는 방법으로 미백에 관심을 두었다.

나) 삼한시대

2,000여 년 전, 삼한시대에 미용의 개념이 존재하였음을 후한서나 신당서 등에서 찾아볼 수 있다. 철기시대로 접어들면서 철기 장신구들이 발전하였고, 남성중에서 수장 급은 관모를 썼다. 일반 남성들은 상투를 했고, 노예는 머리를 깎았으며, 여성들은 쪽진 머리 형태를 하였던 것으로 보아 머리형의 변화가 많았던 것으로 보인다. 진한과 변한에는 편두라는 머리 형태를 변형시키는 풍습이 있었다.

편두머리의 모양을 변하게 하는 풍속으로 아이가 출생하면 곧 돌로 머리를 눌러서 납작하게 만들려 했기 때문에 지금 진한 사람의 머리는 모두 납작하다. 변진(弁辰)에서는 돌을 가지고 머리의 모양을 일정한 형태로 만들었다. 아이가 태어났을 때부터 머리의 모양을 바르게 잡지 못하면 균형이 깨지기 때문에 이러한 습관은 오늘날에도 민간에서 시행되고 있다. 다만 돌을 어떻게 사용하였는지는 알 수 없으나, 보조기구의 하나였을 것으로 추측된다. 편두는 한국의 고대사회의 문화 전래 과정에서 문신 등과 더불어 남방문화 갈래의 대표적인 영향임을 알 수 있다.

(2) 삼국 및 통일 신라

가) 고구려

고구려의 머리모양은 곧 삼국의 머리모양이었다. 삼국시대 문화는 고구려를 거쳐 백제와 신라로 들어간 것이 대부분이다. 불교가 그렇고, 학교가 그렇고, 법령이 그랬다. 그래서 중국의 역사서에는 삼국의 문화는 비슷하다고 적혀 있다.

그런 삼국의 문화를 고스란히 이어온 것은 신라였다. 그러나 신라는 고구려와는 달랐다. 어느 나라보다 이민족과 융화하여 문명을 떨쳐 나가던 당의 문화를 대거 받아들여 고구려의 머리를 일시에 바꾸어 버렸다. 통일된 직후부터 신라 여인들의 머리모양은 대담해지고 화려해졌다. 상류층 여성들은 다투어 당의 머리를 흉내낸 것이다. 변하지 않은 것은 삼국의 머리 즉 고구려 고분벽화 속에 보이는 서민들의 머리뿐이었다. 화려한 머리만이 대두되자 서민의 머리는 보여지지 않았을 뿐이다.

'당서'에 보면 고구려 여인들은 가발을 사용하여 크게 얹은머리로 머리 형태에 따라 지위를 나타냈으며, 그 형태는 얹은머리, 푼기명머리, 중발머리 등 다양한 머리가 존재했다는 기록이 있다. 또한 여인들은 모발을 뒷머리로부터 앞머리로 감아 돌려 끝을 앞머리 가운데로 꽂거나, 쪽진 머리, 묶은 머리, 쌍께와 낮게 묶은 민머리, 비녀를 꽂은 낭자머리, 쌍 상투머리 등으로 그 종류가 다양하였다. 남자들의 머리는 외상투가 많았으며, 쌍상투를 하는 경우도 있었다.

고구려(무용총벽화)
얹은머리

고구려(삼실총벽화)
푼기명머리

고구려(안악 2호분)
쪽머리

고구려(덕흥리고분벽화)
쌍께

고구려 여인의 머리가 한국 고전머리의 뿌리라고 하는 이유는 바로 여기에 있다. 조선조 오백년, 고려조 오백년, 신라 천년을 거슬러 올라가보면 여인들의 머리는 결국 고구려 고분 벽화 속에 있는 머리와 맥이 닿아 있기 때문이다. 이는 최근 대두되고 있는 동북공정(東北工程)에서도 반론의 입증자료가 될 수 있다. 그 맥이 중국에 닿아 있지 않고 한민족에 닿아 있기 때문이다.

얹은머리 – 쌍영총 귀부인도

고구려의 대표적인 고분 쌍영총의 귀부인도는 얹은머리의 형태로 건(巾)을 이용하여 머리를 고정함과 동시에 멋을 부렸다. 다시 말해 실용성과 멋을 동시에 낸 형태로, 건은 이마에서 한번 접어 맵시를 내고 뒤로 돌려 묶어 고정하였다. 여인들은 연지를 찍고 눈 화장을 연한 붉은 색으로 살짝 하였으며 눈썹 정리도 깔끔하게 되어져 있다. 복식은 저고리(유襦) 위에 포(袍)를 입었으며 군(裙)이라고 하는 주름치마를 입고 있는 것을 볼 수 있다.

한 가지 또 흥미로운 것은 한국 고전머리의 특징 중 하나가 새끼와 연관되어 있다는 점이다. 한국 고전머리의 기본형은 변발이다. 쪽머리도 트레머리도 알고 보면 새끼 꼬듯이 머리를 틀어야 한다. 쪽, 쌍계, 얹은머리는 변발을 우선 만들어야 시술할 수 있다. 농경민족이었던 한민족은 벼를 수확하고 나서 남는 볏짚을 버리지 않고 여러 방도로 활용해 왔다. 그중 꼬아서 이용하는 방법은 다양해서 우선 새끼가 있고 그것으로 만드는 지게 끈, 이엉, 멍석, 다래끼, 가마니 등 생활용품으로 넓게 사용되어 왔다. 그런데 변발의 방법을 보면 그 새끼 꼬는 방법과 하등 다르지 않아 자연스럽게 느껴진다. 뭔가 꼬아서 생활했던 민족성이 그대로 반영되어 있는 것이다.

안악3호분의 벽화 속 주인공의 부인이 하고 있는 머리이다. 정확한 명칭이 없어 무덤주인공의 이름을 빌려서 동수부인머리, 또는 귀부인의 머리 등으로 불리어 왔다 .이런 머리 형태는 귀천에 상관없이 하였던 것으로 보여 지며 무덤주인공인 동수부인은 붉은색으로 나뭇가지모양을 만들어 장식한 것으로 신분의 차이를 나타내고 있다. 동수부인의 머리는 머리카락을 상투처럼 틀어 올린다음 반고리 모양으로 테를 만들고 각각 둘레를 감싸고 남은 부분을 고리에서 늘어뜨렸다. 중국문헌에는 힐자계(擷子髻)로 표현되는데 글자 그대로 술을 늘어뜨린 형상을 말한다.

안악3호 고분 동수부인벽화(힐자계)

현존하는 우리나라 고전 머리 중에서 가장 오래된 귀족 머리 형태 중 하나이다. 안악3호 고분은 고구려 미천왕의 묘로도 알려지기도 했지만 중국에서 망명한 동수라는 사람으로 추정하기도 한다. 고구려 안악 3호분 묘에 묘사되어 있는 동수부인의 머리 형태를 살펴보면 두상에 고계를 하고 환 장식을 둘렀으며 비녀를 사용하여 장식을 더 하였다. 이 머리장식은 중국의 진나라의 고문서나 그림에서도 간혹 보여 지나 그것과 다른 고구려 의 미(美)가 결합되어진 독창적인 머리모양으로 평가되어지고 있다.

안악 3호분은 1948년 이여성 선생이 조선복식고를 발간한 다음해에 조사되어 세상에 알려진 것이다. 머리모양은 안악 3호분 벽화에 있는 주인공의 부인이 하고 있는 머리형이다. 이부인의 주변에는 시종으로 보이는 여인들이 그 여인들 역시 머리에 요란하게 꾸민 틀을 얹고 있어 주인공 부인의 머리의 머리와 함께 매우 독특한 분위기를 보여 주고 있다.

북한에서는 이 무덤의 주인공을 고구원왕으로 추정하고 있는데 그 이유는 주인 공 남성이 머리에 쓴 관 때문이다. 어떤 일본학자는 미천왕으로 보고 있다. 그러나 남한의 학자들은 벽에 씌어진 70자 정도의 먹글씨에 있는 내용을 보고 무덤주인이 중국에서 망명해온 동수라는 사람이라고 추정한다. 이 머리 형태는 고계의 형태로 머리를 크게 상투처럼 틀고 그 둘레를 철사에 가체를 감아 둥근 틀을 만들어 장식하였으며 붉은 철사나 나뭇가지 비단끈 등으로 장식을 더했다. 둥근 고리틀은 한 개부터 다섯 개까지 다양하다고 기록되어져 있다.

나) 백제

부여의 성양리에서 은비녀가 출토되었으며, 무령왕릉에서 화려한 머리뒤꽂이가 발굴되었다. 기혼여성의 경우 쪽머리, 쌍쌍투 머리를 하였으며, 미혼여성의 경우 댕기머리를 주로 했다. 세

댕기머리

가닥으로 땋아 댕기를 드린 머리형은 미혼녀의 상징이며, 홍치마와 노랑 저고리, 홍치마와 녹색 저고리를 입었다.

땋은 머리는 삼국시대의 유습인데 조선 시대로 이어진 전통 머리형이다.

평민의 경우 가운데 가르마를 타고 양쪽 앞머리를 사선으로 떠서 세 가닥 땋기를 시작하여 목덜미로 연결시켰다. 양반의 경우 앞머리를 사선으로 떠서 양쪽 귀 부분부터 땋기 시작하여 목덜미로 연결했다. 땋은 머리 끝부분에서 댕기를 드리는데 서민의 경우 끝이 네모진 댕기, 양반의 경우 끝이 세모진 댕기를 사용하였다.

쌍환계 고란사벽화의 삼천궁녀

쌍환계는 백제의 삼천궁녀의 이야기를 그림으로 그린 것인데, 남화암 고란사 법당 뒤에 그려져 있다. 궁녀머리는 기본적으로 고계의 형태이며, 삼국시대부터 조선시대까지 널리 분포되어 있다. 고려시대의 불화나 조선시대의 불화를 보면 둥근 고리형태의 머리를 쉽게 접할 수 있다. 고란사 벽화의 궁녀들의 머리는 특이하게 뒷머리를 길게 땋은 것을 볼 수 있다.

일본문헌에 "백제로부터 화장품 제조기술과 화장법을 배웠다"라는 기록으로 미루어 보아 우리는 진보된 화장 기술을 보유하고 있었음을 추측할 수 있으며, 중국문헌에는 "백제 인들이 시분무주(施粉無朱) 형태의 은은한 화장을 하였다."고 기록되어 있다.

다) 신라

신라시대의 고분에서 검은색 칠을 한 나무빗과 은령총에서는 비녀가 출토되었다. 「동경지(東京志)」에 "여자는 발모(髮毛)를 묶어서 머리 뒤에 쪽 졌다(女子結於腦後)."고 하였으니, 신라의 여인도 쪽진 머리를 하였음을 알 수 있다.

삼국 시대의 고구려, 백제, 신라에 모두 얹은머리와 더불어 쪽진 머리가 여인의 머리모양으로 유행했음을 알 수 있고, 이것이 기혼자의 머리모양이었을 것이라는 것이 대부분의 주장이다. 또한 여성의 머리형은 크게 발(묶음머리)과 계(얹은머리)로 나누기도 한다. 또한 고구려 고분 벽화를 통해서 5가지 형태로 나누기도 한다. ① 얹은 머리 : 모발을 뒷머리부터 앞머리로 감아 돌리어 끝은 앞머리 가운데에 감아 꽂은 것으로 삼국 공통의 모발 형태이다. 왕족이나 귀부인이 하였을 것으로 추측된다. ② 쪽진 머리 : 두발을 머리 뒤통수에서 낮게 트는 양식의 머리 모양이다. ③ 푼기명 머리 : 좌우 양 볼에 두발의 일부를 늘어뜨린 모리 모양으로 고구려 벽화에서 시녀로 보이는 사람들에게서 많이 나타나는 머리모양이다. ④ 묶은 중발 머리 : 짧은 두발을 뒷머리에 낮게 한 발(묶음머리)형의 머리모양이다. ⑤ 쌍쌍투 머리 : 좌우의 머리를 두정부 양쪽에 상투를 하는 것으로, 소녀도에서 나타나는 것으로 보아 나이가 어린 여자의 발형의 머리모양이라 할 수 있다.

신라시대의 남자의 두발형태는 소인은 결발(結髮 : 쪽을 찌거나 상투를 트는 형태), 대인은 상투를 한 형식이다. 이 상투를 하는 남자의 머리모양은 우리민족의 남성 머리모양으로 조선시대까지 이어졌다. 고구려 벽화에서도 결발이나 상투의 형태가 나타나므로 이와 비슷하였을 것이라 추측할 뿐이다. 고구려 벽화 각저총 씨름도에서 상투를 한 남성의 모습이 나타난다. 영육일치사상의 영향으로 남녀 모두 외모에 대한 관심이 높았다. 화장품 문화가 발달하여 머릿기름을 제조하였고, 가체를 사용한 장발 기술이 뛰어났다. 또한 비단과 구슬을 이용하여 머리를 장식하기도 하였다. 불교가 성장하여 향낭을 차고 다니고 목욕이 대중화되었으며, 백분의 사용과 제조기술이 상당했다. 또한 화장용구의 개발이 활발했다.

라) 통일신라

삼국의 문화가 융합되어 머리모양이 다양하고 화려했으며, 또한 당의 영향을 받아 의복과 머리 형태도 더욱 화려해지고 높아졌으며 고려와 조선에게 큰 영향을 주었다. 통일신라시대의 대표적인 머리 모양은 화계이다. 부용이나 모란 같은 꽃을 꽂아 화려하게 장식한 머리모양을 말하는 것이다. 이는 당나라 여인들에게서 유행했던 그 머리모양이 신라에도 그대로 수입되었다는 것을 의미한다.

화계는 제42대 흥덕왕 때 옷차림과 머리 모양이 지나치게 화려하고 사치스러워 금지한 일이 있다. 화계는 꽃 모양으로 머리를 단장한 다음, 부용이나 모란 같은 꽃을 꽂아 화려하게 장식한 머리모양으로 머리를 높이 추켜올린 가체를 통해 당시에 이미 가발을 사용했음을 알 수 있다. 뒤꽂이를 꽂아 머리를 고정시킨 다음 비단이나 구슬로 멋을 부렸다는 기록도 남아 있다. 하외주(河外柱) 소장품인 목조 여인상에서 보이는 신라 여인은 약간 미소 띤 얼굴에 입술연지를 칠하고, 뒷머리를 올려 계를 만든 후, 계의 좌우에서 비녀를 꽂아 고정시켰고, 앞머리 부분에 금색 대식을 하였다.

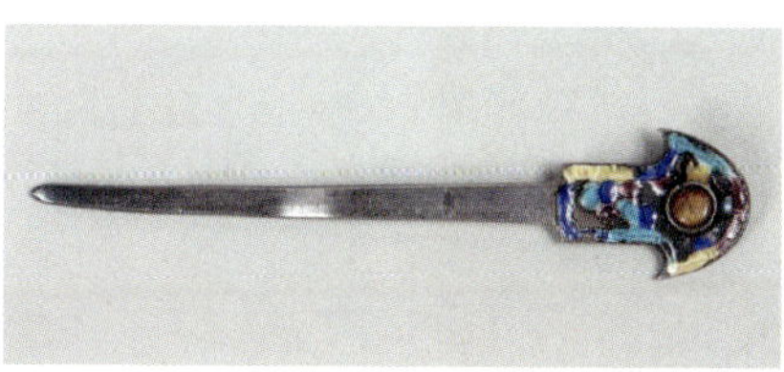
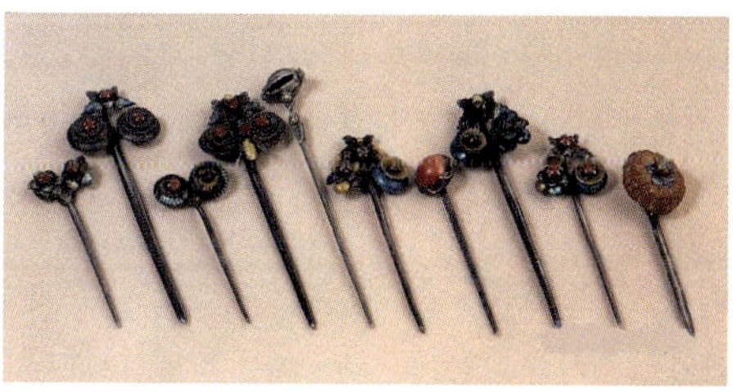

뒤꽂이의 종류

신라 여인들의 발제에 대한 《북사》, 《당서》 등의 기록에 의하면, 머리카락은 매우 길고 아름다우며 머리카락을 머리에 올려 두르고 구슬로 장식하였다고 한다. 의복은 하의로 긴 치마를 착용하고, 소매 끝이 깔때기 모양으로 넓어진 상의, 무릎길이 대금 반비, 속대를 착용하였다. 대금 영단에는 적색 2선식, 내의로 붉은 단식, 원령 의를 착용하였다.

높은 머리

비자욕아도(妃子浴兒圖)

화계

당과의 교류가 활발하여 사치품, 귀중품을 많이 사용하였으며, 색조화장이 짙고 화려했다. 또한 화장용구가 다양했다.

(3) 고려

신분이나 나이 등의 따라 머리치장을 달리하였으며, 숯, 재, 옻 등의 원료로 백모를 염색하였다. 미혼남성의 경우 반묶음머리를 하고, 기혼남성의 경우 상투를 틀었다. 남성들은 원간섭기 시대에 원나라의 영향으로 변발을 하기도 하였다. 미혼여성의 경우 반묶음머리를 하였으며, 기혼여성의 경우 쪽진 머리와 얹은머리는 신라뿐만 아니라, 고구려, 백제의 부인들 사이에서 공통적으로 보편화 되었던 머리 형태였다.

고려불화

왕비. 고려. 변상도

후비. 고려. 수월관음도

상류층. 고려. 변상도

위 그림은 고려말에 다수 그려진 것으로 수월관음도(양류관음도)와 변상도에는 상류층 여인들로 보인다. 화승이 그려 넣었기 때문에 불화에 많은 것으로 추정된다. 걸작 품은 주로 일본에 있다. 일본 도쿄 센소지(淺草寺)에 소장된 혜허(慧虛) 스님이 그린 '수월관음도(水月觀音圖)'에 있는 고려 왕비머리로 알려져 있는 공양자상은 머리를 크게 올려 붉은 끈을 매고 흰색 진주 같은 것으로 머리 전체를 장식하였다. 크게 올린 머리를 고정시키기 위하여 동곳을 사용하는데 틀어 올린 머리가 풀리지 않도록 여러 개를 사용하여 고정하였다.

노국공주 인덕왕후

고려왕비머리는 형태상 고계, 화계로 볼 수 있으며, 당, 송의 영향을 받아 크게 부풀린 형태가 특징이다. 고려시대의 국교인 불교의 영향으로 머리에 연꽃을 장식한 것이 눈에 띄며 주변에도 여러 가지 구슬과 보석으로 장식해 화려함을 더했다.

노국공주 인덕왕후는 원나라 종실위안의 딸이며, 본명은 보탑실리다. 공민왕이 원나라에 입조해 있던 1351년에 시집왔으며, 능은 운암사 동쪽에 마련되었으며, 능호는 정릉이라 하였다.

고려시대의 수식들은 거의 전해지지 않고 단지 비녀 몇 점만이 국립중앙 박물관에 소장되어 있다. 비녀는 동제 도금으로 봉황이 투각된 대잠(大簪), 잠두(蠶頭) 옥으로 된 잠두가 화형(花形) 옥, 치장 은으로 된 비녀 그리고 가체를 이용한 머리에 사용했던 ㄷ자형 불두잠 비녀로 있다.

고계
(혜허.고려미인도)

혜허는 고려시대의 화가이며 양류관음도를 그린 것으로 더 유명하다. 혜허의 고려 미인도는 현재 일본에 소장되어 있으며, 풍만하고 여유 있는 표정과 부드럽고 세련된 어깨곡선, 완만한 굴곡으로 이루어지는 신체의 굴곡과 늘씬한 자태는 왕족이나 귀족을 연상케 하며 혜허 그림의 특징이기도 하다.

고려미인도에 나타난 머리 형태를 살펴보면 고계 형태로 삼국시대부터 조선기대까지 꾸준히 유지되어온 형태이며 고려시대에 특히 많이 보여 지고 있다.

고려 초기의 것으로 추측되는 거창 둔마리 고분벽화의 진락(秦樂)하는 여인상은 동일 서벽의 선인으로 구름 위에 조의(祖衣)를 날리고 있는데, 이 여인도 귀 위의 머리는 얹은머리로 하고, 아래쪽 머리는 체머리로 늘어뜨려 놓은 것을 볼 수 있다.

청결 관념이 강조되어 목욕이 성행하였다. 부유층에서는 복숭아 꽃물을 우려내어 세수를 하였으며, 난초를 넣어 삶은 물에 목욕을 하여 향내가 나도록 하였다. 또한 면약이라는 액상타입의 안면용 화장품을 피부보호 제 겸 미백제로 사용하였다. 『고려도경』에서는 백제와 비슷한 시분무주(施粉無朱) 형태의 화장을 했다고 기록되어 있다.

(4) 조선

고려가 원(元)의 풍속을 따르기 이전까지 전시대인 신라의 수발형태를 그대로 따랐던 것처럼 조선조 역시 처음에는 고려의 풍속을 이어 받아 부녀의 대표적인 머리형태는 얹은머리였다. 속명「트레머리」라고 하여 쪽머리와 함께 조선시대 대표적인 수발형태였을 뿐만 아니라 우리나라의 상고시대부터 전래되어온 전통적인 머리 형태였다. 얹은머리와 쪽머리의 머리모양은 고구려의 고분벽화에도 잘 나타나 있듯이, 습속(習俗)이 뿌리 깊었음을 볼 수 있다.

신윤복 풍속도 화첩 / 연당의 여인

조선후기 여인의 모습 / 얹은머리

조선시대 (김홍도 풍속화)

조선시대 (개화기)

그림의 얹은머리는 빗어 넘긴 머리를 뒤에서 두 가닥 내고, 왼쪽가닥은 오른쪽으로 오른쪽은 왼쪽으로 교차시켜 그 끝을 앞머리로 고정시킨 것으로 보통 그 위에 흑색가르마를 얹기도 하였다. 이 머리는 조선조 중기에 크게 유행하여 다래가 성행하였으며, 이 다래를 사용하여 틀어 올려 머리를 더욱 크게 만들어 부(富)를 나타내기도 했는데, 당시 여자복식의 멋과 유행의 접점이었다.

또한 조선시대의 기녀의 머리모양도 예외는 아니었다. 풍속화인 김홍도의「평안감사환영도」를 보면 관기(官妓)의 얹은머리와 동기(童妓)의 사양머리는 대조되고 있다. 동기의 머리모양은 쪽은 두 개이지만, 비녀는 하나로 쪽을 고정시키고 있다. 이러한 사양머리는 비녀를 꽂아서 새앙낭자라고 했다. 또한「정조 실록」을 보면 각 궁방의 수사리 의녀 침선비 등과 각 고을의 기녀들은 본 발로 머리를 얹은 뒤에 가르마를 써서 등위를 구별하도록 했다.

머리를 보면 역시 신분의 차이가 뚜렷하며 상류층은 더욱 과장되고 화려하게, 그러나 하류층은 현실에서 벗어나지 않는다. 이러한 의도에서 당시 서민사회의 머리 형태에 대한 의식을 엿볼 수 있다. 머리 형태는 아무리 자유분방한 민화 속이지만 함부로 할 수 없는 그 무엇이었음을 알 수 있다. 생활을 다룬 민화에 표현된 머리 형태를 보면 그런 의도는 더욱 분명해진다.

땋은 머리

어여머리

담장 밖 구경(트레머리, 얹은머리, 낭자쌍계)

돌잔치(낭자쌍계)

위 민화에 보이는 머리 형태는 1900년 전후의 머리 형태를 그대로 반영하고 있다. 땋은 머리, 어여머리, 트레머리, 낭자쌍계, 쪽머리가 조선 여인의 전통임을 잘 말해주고 있다. 그중에서도 가장 특징적인 것은 쪽머리이다. 아직 정착하지 못하고 여러 형태로 보인다.

조선 중기에 이르러 나라의 기틀이 잡히자 사회에는 퇴폐한 경향이 나타났는데, 머리모양에서도 사치스럽게 치장하는 것이 유행으로 퍼져 나갔다. 숱이 많아 보이도록 머리를 다듬은 다음에 높고 크게 머리를 틀고, 거기에다 비단과 진주 등으로 갖은 장식을 하는 것이었다. '다리'라고 하는 요즈음의 가발과 같은 것을 머리에 넣고 함께 땋았고, 그리고 두 갈래로 땋은 머리를 감아올리고 댕기를 맸다고 한다.

기생들의 쪽머리 1900년 전후

기생들의 쪽머리 1920년 전후

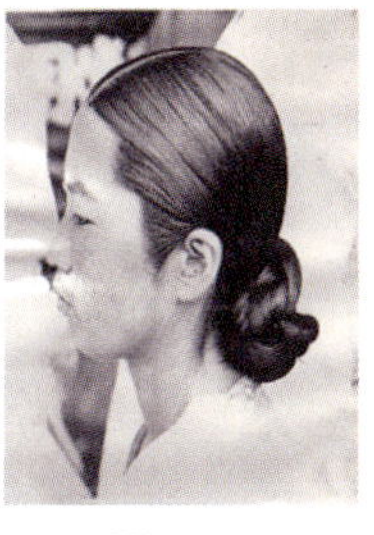
정착 단계의 쪽머리

첩지머리

쪽머리

그림의 쪽머리 형태는 조선시대까지 그대로 전해져 왔는데, 가체를 더하여 높고 크게 만드는 것이 유행하여 가체에 대한 사치가 날로 심해지고 폐단 또한 많았다. 그래서 1788년(정조 12

년) 발제개혁(髮制改革)을 단행하여 가체를 금하고, 제 머리만으로 쪽을 찌고 족두리로 대신하라는 강력한 금지령을 내려, 그 뒤 얹은머리 풍습은 점점 사라지게 되었다. 그러나 1940년대까지도 북쪽지방에서는 그대로 남아 있었다.

수산리 고분, 쌍영총 등 벽화 속의 여인들을 봤을 때, 신분과 빈부의 차별 없이 치장하였으나, 계급과 신분에 따라 달리 치장하였음을 짐작할 수 있다. 유교사상으로 고려시대에 비해 검소하였으나, 명나라의 영향으로 점점 가체가 높아지고 화려해졌다.

얹은머리

순정효황후 어여머리

문관부인 시녀상

대수머리

떠구지머리

얹은머리, 어여머리, 새앙머리, 대수머리, 떠구지머리 등 다양한 머리 형태가 있었으며, 점차 화려해지자 다시 영조 32년 가체금지령을 내려 쪽머리를 권장하였다. 또한 조선 말 첩지머리를 시행하였으며, 신분에 따라 가체 사용과 장신구를 달리하였다.

조선시대 때 상류층 부인들이 예장용(禮裝用)으로 하던 머리모양인 어여머리는 어유미(於由味)라고도 한다. 큰머리에 버금가는 예장용의 머리로 궁중에서나 반가부녀들이 하였고, 상궁으로서는 지밀상궁(至密尙宮)만 하였다.

어여머리는 제 머리로 앞가르마를 타고 뒤통수 아래에서 쪽을 찌고, 가리마 위에 어염족두리를 쓴다. 다시 가체로 땋아 만든 커다란 다리[月子]를 어염족두리 위에서 양 귓가와 목덜미 위를 둘러 얹은 다음, 머리 위와 양옆에 화려한 떨잠을 꽂고 머리 뒤에는 붉은 댕기로 장식하였다.

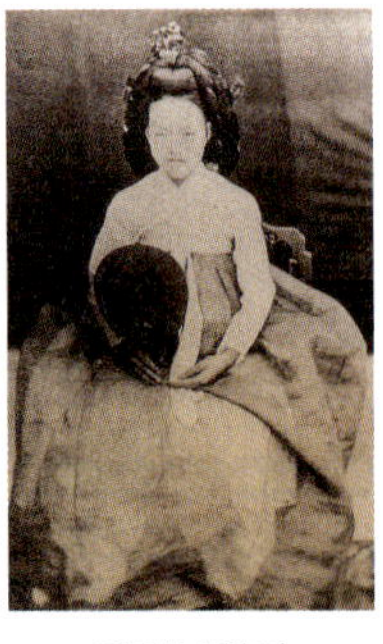
정경부인의 어여머리 – 1895년

어유미는 거두미에서 목제 가발을 내렸을 때의 머리모양을 말한다. 옷을 입고 들고 나는 것만 봐도 그 사람의 신분과 성품까지 말할 수 있는 것이 바로 조선사회였다. 어유미는 주로 명부(命婦)중 외명부(外命婦)들이 사용하던 머리모양이다. 이 머리모양을 만들기 위해서는 먼저 가르마를 탄 다음 뒤통수에 쪽을 만들고, 가르마 위에 어염족두리를 쓰는데 이는 야청색 공단에 솜을 넣어 만든 것으로 어린이 베개의 중간을 잘룩하게 묶은 것 같은 형태로 되어 있다. 어염족두리 위에 다래를 엮어 둥글게 두르도록 만든 가체머리를 양 귓가와 목덜미 위로 둘러 얹은 다음 머리 위와 양 옆에 화관이나 떨잠을 꽂고, 붉은 댕기로 머리 뒤를 장식하면 어여머리가 되는 것이다.

억불숭유정책 및 사치금지령으로 고려시대보다는 검소한 형태의 치장을 하였다. 선조 때에는 화장품이 제조되고 판매되었다는 기록이 있으며, 숙종 때에는 판매용 화장품이 제조되었다. 조선시대에도 청결을 중요시하여 목욕을 하였으며, 부유층에서는 난탕, 삼탕, 창포탕, 마늘탕, 쌀겨탕을 이용하였으며, 서민층에서는 갰가나 냇물에서 목욕을 하였다. 그리고 맑은 피부를 선호하여 미안수를 바르거나, 오이나 꿀 등으로 요즘의 팩과 같은 미안법을 행하기도 하였다.

(5) 근대 개화기(1876년~광복 전)

1876년 병자수호조약에 의하여 개항과 함께 새로운 서구문물들이 들어오고 수용됨으로써 조선은 정치 · 경제 · 사회 · 문화 등 전반에 걸쳐 커다란 변화가 일어나기 시작하였다. 1895년 고종32년 백성들에게 머리를 깎게 한 단발령은 김홍집내각(金弘集內閣)이 을미사변(乙未事變) 이후 내정개혁에 주력하였는데, 조선 개국 504년 11월 15일 건양원년(建陽元年) 1월 1일을 기하여 양력을 채용하는 동시에 전국에 단발령을 내렸다. 일본의 강요로 고종이 먼저 서양식으로 머리를 깎았으며, 내부대신(內部大臣) 유길준(兪吉濬)은 고시(告示)를 내려 관리들로 하여금 가위를 들고 거리나 성문 등에서 강제로 백성들의 머리를 깎게 하였다. 우리나라는 머리를 소중히 여기는 전통이 있었는데, 이것은 신체발부(身體髮膚)는 부모에게서 받은 것이니 감히 훼상(毁傷)하지 않는 것이 효도의 시작이라는 유교의 가르침에서 유래된 것이다. 많은 선비들은 "손발은 자를지언정 두발(頭髮)을 자를 수는 없다."고 분개하여 정부가 강행하려는 단발령에 완강하게 반대하였다. 더구나 김홍집 내각은 이른바 친일내각이라는 소리를 듣는 형편이었으므로, 음력폐지 · 단발령 등은 모두 배후에서 일본인(日本人)이 조종하는 것으로 생각하였다.

1895년 을미사변 이후 배일적(排日的)이 된 국민감정을 무시하고 개혁을 단행하였으므로, 국민은 더욱 분개하여 단발령을 반대할 뿐만 아니라, 의병을 일으켜서 정부시책에 대항하였다. 정부에서는 친위대(親衛隊)를 파견하여 의병활동을 진압시켰으나, 김홍집 내각은 무너졌고 김홍집도 피살되었다.

1886년 이화학당, 1887년 정신여학교가 설립되면서 신여성이라는 단어가 생겼으며, 이때부터 서구의 미용문화가 유입되었다. 국내 최초 퐁파두르 스타일을 한 사람은 고종의 마지막 공관장인 김윤창의 부인 고순영이 1906년에 양장을 하고 퐁파두르 스타일을 했다. 1907년 일본 동경 유학을 마치고 돌아온 최활란도 퐁파두르 스타일을 했으며, 이화학당 여학생과 신여성들 사이에서 유행처럼 퍼져 나갔다.

1910년대까지 유행하던 퐁파두르는 1920년대 신여성과 여학생, 기생들 사이에서 챙머리, 트레머리로 변형되어 발전하며 널리 유행하였다. 그리고 김활란 여사와 무용가 최승희의 단발머리가 유행하였다. 1920년대 중반 이후 서구의 유학파 신여성들에 의해 최초로 파마가 소개되고 유행하기 시작하여 1930년대는 파마의 전성시대가 되었다. 신여성들 사이에서 짧은 한복을 입는 여성이 등장하였으며, 양산을 쓰고 핸드백과 구두를 신는 것이 유행하였다. 이숙종여사는 높은 머리를 처음으로 시도한 신여성으로 전해지고 있다.

1933년 3월 15일 종로사거리의 화신백화점에 오엽주 여사가 국내 최초의 미용실인 화신미용부를 개설하였다. 그러나 1930년 이후 개화기시대 까지도 대부분의 처녀들은 여전히 앞가르마를 탄, 땋은 머리에 붉은 댕기를 하였으며, 부인들은 쪽을 지거나, 얹은머리를 고수했다. 서울과 지방의 문화적 차이는 컸으며, 젊은 여성들과 부인들의 의상도 차이가 났다.

30년대 후반이후부터 40년대에 접어들면서 일제는 군수품 조달을 위해 밥그릇 까지 공출해가며, 국민들의 검소한 생활을 장려하는 신생활 운동이 사회 지도층부터 일어나기 시작했다. 1940년 7월 국가는 사치품금지령을 내려져 백화점, 일반 상점 등에서 반지, 팔지, 여우 목도리, 빌로드 치마 등을 판매할 수 없었으며, 비싼 파마머리도 할 수 없었다. 그 영향으로 여성들의 패션이 크게 변하였으며, 짙은 카키색, 황토색, 검정색 등이 유행하였다.

⑹ 현대(광복 이후)

1945년 8월 15일 광복은 우리나라가 일제의 식민통치로부터 벗어나 자주독립을 맞은 날이다. 8 · 15해방은 일본 식민지로서 억압받았던 사회 · 정치 · 경제 · 문화 전반의 해방이었다. 일본의 억압과 핍박에서 벗어난 한국사회에 밀수품이 밀려들어오며 무분별하게 서양풍을 추종하는 여성들이 미군 부대 주변에 등장하며, 여성의 패션에도 새로운 바람이 불었다.

해방 이후 활기를 찾기 시작하던 여성의 패션은 6 · 25전쟁으로 인해 다시 침체기로 접어들었다가, 전쟁이 끝난 후 여성의 사회진출과 각종 언론매체를 통한 서구문물의 소개, 영화의 보급으로 더욱 활성화되기 시작하였다. 미용도 외국의 기술이 도입되었고, 외화에 의한 영향을 받아 외국의 헤어, 패션, 메이크업 등을 받아들이게 되었다. 특히 서양영화가 상영되면서 여배우들의 패션을 모방한 헤어스타일이 젊은 여성들 사이에서 유행하였는데, 그 중에서 '로마의 휴일'의 주인공인 오드리 햅번 스타일을 가장 많이 모방하였다.

파마가 다시 부활하면서 대다수의 여성들이 곱슬곱슬하게 부푼 파마머리를 하였고, 옥시풀로 머리를 노랗게 탈색시킨 '유엔부인 스타일'도 나타났다. 당시는 주로 전기파마를 하였는데, 북한의 화력발전소에 의한 전기 공급이 원활하지 못해 파마도중 정전이 되기도 하였다. 전기파마는 약 57년까지 유행하다가, 남북한의 분단과 함께 사라졌다. 그 이후 개발된 것이 숯파마였는데, 불의 온도를 짐작할 수 없어서 머리카락이 타서 끊어지기도 했고, 이마나 귀 주변에 화상을 입기도 하였다. 이 후 콜드파마가 나오게 되었다.

한국전쟁 기간인 50년에서 55년경에는 전반적으로 짧은 쇼트헤어가 주조를 이루었으면 긴머리라 하더라도 포니테일과 같은 발랄한 헤어스타일이 유행하였다. 6 · 25전쟁 이후 미용계는 비약적인 발전과 함께 여성들의 헤어스타일도 이전 시대에 비해 훨씬 다양하고 과감하게 변화해 갔다. 앞머리를 이마 반쯤 가릴 정도로 짧게 자르고, 옆머리와 뒷머리도 목선과 귀가 보일 정도로 짧은 머리가 유행하였다. 쇼트헤어는 여대생과 직장여성들 사이에서 인기가 많았다. 중년 여성들 사이에서 특별한 행사나 파티에서 업스타일이 등장하였다.

1960년대 여성들의 패션은 치마길이는 짧아져 미니스커트가 유행하였고, 머리는 부풀려서 높아지고, 바비인형 같은 긴 속눈썹과 진한 화장이었다. 전체적으로 풍성하게 부풀린 머리에 머리끝을 아웃컬하고 앞이마를 깨끗하게 올린 것이 특징인 플래퍼 스타일을 많이 하였다. 부풀린 헤어스타일은 여성만이 가질 수 있는 아름다움의 극치인 것처럼 유행하였다. 이러한 스타일은 60년대 후반, 70년대가 되면서 점차적으로 사라져 갔으며, 인위적인 꾸밈보다는 좀 더 자연스러운 스타일이 각광받기 시작하였다.

1970년대는 세계적으로 집시풍의 흐트러진 듯한 자연스러운 헤어스타일이 각광을 받았으며, 국내의 헤어스타일도 이러한 주류에서 벗어나지 않았다. 아이론으로 세트한 머리보다는 커트만으로 다듬은 자연스러운 머리, 가벼운 파마로 웨이브를 만들어 혼자 손질한 머리, 롤을 말아 부드러운 웨이브가 만들어진 머리가 인기를 끌었다. 70년대 중반 이후에는 모든 헤어스타일에 블로우 드라이 기법을 사용하였으며, 바람에 날리는 듯한 '바람머리'스타일이 선풍적인 인기를 끌었다.

1980년대는 경제적 · 문화적으로 변화가 많은 시기였다. 1986년 아시안게임과 1988년 서울올림픽의 국제적인 행사를 통해 한국을 세계적으로 알리는 계기가 되었으며, 한국경제도 성장하였다. 경제성장을 바탕으로 소비문화가 발달하면서 사람들의 의식수준이 향상되었으며, 여성들의 사회진출, 대중매체의 발달, 소비풍조의 확산 등 다양한 문화적 요소들이 공존하면서 여성들의 미에 대한 관심과 욕구도 증가했다. 헤어스타일도 이러한 요구에 부응해 고감도의 개성을 추구하는 경향이 뚜렷해지는 시기였다. 1982년 발표된 '교복과 두발의 자율화'로 인해 중 · 고교 여학생들의 복장 및 헤어스타일에 획기적인 변화가 나타났다. 80년대 초반 젊은 여성들에게 펑크와 디스코 스타일에 유행하였고, 80년대 중반에는 파마머리의 전성시대였다. 이것은 여성들의 사회진출이 활발해지면서 간단하게 손질이 가능한 다양한 커트와 파마 형태의 헤어스타일이 선호되었기 때문이다. 더불어 1980년대에는 다양한 퍼머넌트 웨이브 기법이 개발되었다. 상고머리형 커트와 긴머리를 강한 컬로 파마를 한 후 헤어핀, 헤어밴드, 리본으로 장식하는 파마머리가 크게 인기를 끌었다. 80년대 중 · 후반부터 다양해진 헤어스프레이, 무스, 젤 등 헤어스타일링 제품의 영향으로 80년대 후반에는 닭벼슬머리가 유행하였다.

1990년대는 개인주의와 개성주의를 표방하며 자신들만의 라이프스타일을 추구하였다. 한편 TV 등의 대중매체의 영향을 많이 받아서 유명 연예인들에 의해 패션이 주도되고 그 영향을 받았으며, 유행의 주기 또한 빨라졌다. 90년대 헤어스타일의 두드러진 특징 중의 하나는 머리염

색과 롤 스트레이트 파마였다. 염색은 90년대 이후 헤어패션에 자연스러운 문화로 자리 잡았으며, 점차 다양한 형태로 변화 발전되어 갔다. 다양한 색의 염색과 탈색이 유행하였고, 자연스러우면서 빠른 손질이 가능하고, 쉽고 편한 헤어스타일을 선호하게 되었다. 90년대 후반에는 플랫아이론을 이용한 매직스트레이트 파마가 도입되어 유행하였으며, 더불어 매직드라이가 유행하기 시작하였다. 미용계는 나날이 다양해져 가는 사람들의 패션에 대한 욕구와 유행의 흐름에 따라 보다 더 세분화, 전문화되어 갔다. 90년대 후반 이후 미용분야는 헤어, 메이크업, 피부, 네일 등으로 세분화, 전문화를 거듭하며 각자 독자적인 영역을 구책해 나가고 있다.

21세기가 시작되는 2000년대부터는 헤어스타일의 다원주의라 할 만큼 커트, 파마, 염색 등에서 다양한 헤어스타일이 아이돌 등의 유명 연예인의 주도적인 영향아래 유행하고 있다.

업스타일의 경우, 1960년대를 기점으로 점차 유행하다가 1970년대 후반부터 점차 퇴조하는 현상을 보였다. 2000년 이후에는 개성에 따른 다양한 헤어스타일이 유행하며, 최근에는 간편하거나, 우아하고 클래식하면서 여성미를 강조한 다양한 업스타일이 다시 등장하게 되었다. 근래의 업스타일은 우아함과 여성미를 강조한 복고적인 경향을 포함한 심플하면서 발랄한 이미지도 강조한 업스타일이 유행되며, 젊은 층에서도 다양하게 응용되어 활용하고 있는 추세이다.

2) 외국 미용의 역사

(1) 고대 미용

가) 이집트(egypt)

서양의 업스타일은 고대(古代) 피라미드의 형태나 돔 사원의 모양 형태에서 유래되었다. 기후가 몹시 무더웠기 때문에 햇빛으로부터 보호와 통풍을 위해 햇빛과 열로부터 가리개 역할로 가발이 사용되기 시작하였다. 대부분의 여성은 머리를 중앙에서 나누고 단발(bob)스타일의 가발을 사용하였다. 재료는 마, 양모, 종려나무 잎에서 채취한 섬유와 말의 갈기 같은 것이었으며, 부유층은 인모를 사용하였다. 가발은 그물로 된 모자에다 가발재료를 땋거나 간추려서 만들었다. 남자는 완전히 머리카락을 밀어낸 후, 여자는 짧게 깎은 머리위에 모자처럼 얹었다. 머리와 가발사이에 공간이 있어서 머리에서 생기는 열이 발산되고 통풍이 되어서 오히려 시원한 효과를 주었다. 또한 이들은 향료 바르는 것을 좋아하여 향료 병을 머리의 장식으로 사용하기도 하였다. 그리고 모발에 진흙을 발라 둥근 막대기로 고정한 후 건조시켜, 현재 퍼머넌트 웨이브의 기원이 되었으며, 헤나를 이용한 모발염색을 하기도 하였다. 고대문명의 중심지인 이집트인들은 빳빳한 헝겊으로 만든 피라미드 모양의 머릿수건을 사용하였다. 고온다습한 기후로 인해 모발과 피부를 보호하기 위해서 가발과 커치프(kerchief)를 사용 하였다. 왕이나 여왕이 쓴 커치프를 크래프트(klaft)라 했는데, 황금색과 청색의 줄무늬가 있었다. 여성들은 가발로 작게 땋은 많은 머리를 그들의 모발에 땋아서 늘였다. 여왕이나 왕비는 신성시되었던 뱀으로 장식된 〈유테우스〉라는 금관을 썼다.

클레오파트라(cleopatra)

커치프(kerchief)

이집트인들은 더운 기후로 인하여 피부손질을 하지 않으면 안 되는 상황이었다. 그래서 그들은 피부미용을 위해 올리브 오일, 양모, 왁스, 꿀, 우유, 아몬드 기름 등을 발라 자외선에 노출된 피부를 보호하였다. 또한 진흙, 밀기울, 계란 노른자, 꿀, 우유 등을 혼합하여 얼굴에 발라 검게 탄 피부를 보호하고 열을 진정시켜주는 역할도 하였다. 또한 청결을 중시하여 목욕을 자주 하였고, 그들만의 목욕법을 만들어 건강하고 아름다운 피부를 가꾸었다. 그 목욕관리 방법 중 클레오파트라(cleopatra)의 나귀 목욕법이나 어린이의 오줌 목욕법은 오늘날까지 알려질 정도로 유명하다.

나) 그리스(greece)

그리스 시대에는 후두부에 포인트를 둔 묶은 머리나 땋는 머리, 올린 두발을 리본으로 묶어 후두부에 돌출하는 형이 유행하였다. 여성들은 앞머리를 곱실거리게 컬을 하고 옆에는 작은 고리 모양을 만들었으며, 뒷머리는 그대로 내리거나 목에서 자유롭게 묶는 등 간단한 형태가 유행하였다. 부유한 여성은 금과 보석의 머리 장식을 사용하였으며, 리본이나 망으로 악센트를 준 자연스러운 형이 많았다. 그리스인들은 금발을 아름답게 여겼으며, 컬을 만들어 장식하였다. 젊은 남성은 짧은 머리를 많이 하였으며, 이발소는 그리스인들의 사교의 장이기도 하였다. 헬레니즘 사상을 받아 건강한 정신이 신체에서 비롯된다는 믿음으로 목욕, 운동, 마사지 등 신체를 관리하였으며, 목욕 문화가 발달하였다. 유명한 의사인 히포크라테스(hippocrates)는 미용식, 일광욕, 특수목욕, 마사지 등을 권장하였다.

다) 로마(roma)

로마 시대에는 그리스가 속령이 되었으나 생활양식이나 머리형은 오히려 그리스를 모방하기 급급했다. 그리스 문화를 바탕으로 가발이 발달하였다. 금발을 선호하여 머리를 잿물로 표백하는 탈색과 노란 꽃을 으깬 물에 머리를 헹구어 황금색으로 착색하는 염색을 하는 것이 유행이었다. 컬을 높게 하여 뒷머리에 땋아 둥글게 만 후 화관과 리본 등으로 치장하였다. 여성들은 그리스나 고대 이집트에서 사용하였던 컬(curl)용 헤어아이론을 사용하여 그리스형을 한층 더 복잡하게 한 헤어스타일을 만들어냈다. 그리고 이들은 여기에 오일이나 향수로 윤기를 주었는데, 머리뿐 아니라 몸 전체에도 사용하였다. 로마 시대의 머리모양은 땋은 머리와 가발을 사용하였다. 얼굴 주변에는 작은 곱슬머리를 만들어 솟아오르게 하고, 뒷머리는 땋아서 늘어뜨리거나 둥글게 말아서 쌓아 올렸다. 멧사리나 왕비 때에는 머리 모양을 혼자 만드는 것이 안되어 머리를 묶고 땋는 것에 타인의 손을 빌어 몇 시간씩 걸려 '투투라스'라고 하는 모양의 쪽으로 마무리 짓거나, 얼굴의 주변둘레에 권모를 둘렀다. 내적인 아름다움과 외적인 아름다움을 중시하는 로마인들은 그들의 가치와 생활 습관 때문에 향수, 오일, 화장이 생활의 필수품으로 등장하게 되었다. 로마의 의사 갈렌(gallen)은 최초로 콜드크림의 시초인 시원해지는 연고를 만들었고, 약학(藥學, pharmacy), 생리학(生理學, physiology), 해부학(解剖學, anatomy) 등의 저서도 남겼다. 로마인들은 그리스의 목욕 문화를 이어 받아 스팀 목욕법과 한증 목욕법이 개발되어 체계적이고 전문적인 목욕 문화가 확립되었다. 미백의 피부를 유지하기 위해 레몬, 염소젖, 우유 등을 혼합하여 마사지를 하였고, 아름다운 몸매를 만들고 유지하기 위한 전신 체조를 하였다. 로마는 남녀 불문하고 아름다운 피부와 몸매를 가꾸는 일에 과도하게 투자하였는데, 그 예로 네로 황제의 부인을 들 수 있다. 그녀는 매일 암탕나귀들의 젖을 짜 우유목욕을 하였고, 매일 아침 화장과 치장을 위해 100여명의 노예를 동원했다고 전해지고 있다.

(2) 중세 · 근세 미용

가) 비잔틴시대

비잔틴 시대의 사람들은 머리에 관을 쓰거나 터번을 둘러 머리모양이 잘 나타나지 않았으며, 여성들은 베일을 쓰고 그 위에 밴드를 하거나 관을 썼다. 기독교적 금욕주의의 영향으로 화려한 컬이나 웨이브로 머리를 치장하기 보다는, 장식이나 기교가 없는 시뇽(chignon) 스타일을 만들어 머리를 느슨하게 틀어 올린 다음, 망이나 실크 캡을 씌웠다. 한편 게르만 민족의 대이동으로 혼란스러웠던 서유럽도 10세기에 이르러 차차 안정되면서, 묶은 머리형을 보이기 시작하였다. 그 전까지는 자연스럽게 늘어뜨린 머리형이 많았었는데, 각 지역에서 안정된 국가가 확립됨에 따라서 인간의 몸은 신으로부터 주어진 것이므로 소중히 싸서 보호해야 한다는 종교적인 사상이 팽배하여 쓰개가 많아졌다.

로마네스크시대에는 머리를 땋거나 늘어뜨렸으며 윔블을 썼다. 여러 가지 색깔의 천을 머리에 섞어 땋아 리본으로 묶었다. 중세 이탈리아에서는 네트(net)로 머리를 감싸거나, 에넹(hennin)이라고 부르는 원뿔 형태의 모자를 사용하여 모발을 숨겼으며, 그 높이는 신분이나 부에 따라 높아졌다. 에넹(hennin)은 딱딱한 천으로 원추형의 모자를 만들고, 그 위에 원형의 베일을 덮어 옷자락까지 늘어뜨린 형태로 100년 이상 사용되었다. 중세의 이탈리아에서는 머리를 전부 드러나게 하여 머리에 꼭 맞게 묶고, 귀 옆에 컬을 하고 뒤에서 둥글게 가발을 붙였다. 후기 중세시대의 의상은 몸의 선을 중요시했으며, 귀족사회의 여성들은 입궐용 대례복에 털을 가장 자리 장식으로 많이 달았다. 에넹(hennin)을 머리 장식용으로 썼으며, 그 높이로 사회적 지위를 나타냈다.

중세의 피부미용은 공중목욕탕이 생기면서 이제까지 특권층에서 해오던 목욕 문화가 서민층까지 전파되는 계기가 되었다. 중세에는 끓는 물에 사루비아, 로즈마리, 보리수 꽃 등 여러 꽃잎과 약초를 넣어 얼굴에 수증기를 쬐는 약초 스팀법이 개발되었다. 또한 화장품 제조에 필수 성분인 알코올도 발명되었다.

나) 르네상스(renaissance) ~ 17세기 바로크시대(baroque)

대 항해 시대를 거쳐 영국과 프랑스의 절대왕권 체제가 확립되기 직전인 16세기말에는 이미 파리가 패션의 중심지로 발 돋음 하기 시작하였다. 머리를 가렸던 장식이 점차 적어지고, 머리를 보이는 풍속이 등장하였다. 르네상스 시대의 부인들은 풍성한 머리카락을 과시하였고, 조화있게 흐름을 주면서 뒤로 묶어 올렸다. 또한 가발을 쓰기도 하였으며 염색을 하기도 하였다.

바로크시대의 여성들 머리형태는 높이 빗어 올려 자연스럽게 컬을 늘어뜨렸으며, 루이 14세 때 그의 애인 퐁탕주(fontange)부인의 묶은 머리형이 유행하였다. 철사 틀에 얇은 린넨이나 레이스를 주름잡아 씌운 장식을 앞머리부분에 층층이 탑처럼 쌓아 올려 다이아몬드, 진주 등으로 만든 보석 핀을 꽂아 부채를 편 것처럼 보이게 하였다. 남성은 풍성하고 여성스러운 스타일을 하였으며, 남녀 모두 과도한 장식을 하였다. 여성들의 최초의 두발 결발사는 샴페인(champagne)으로 17세기 초반에 파리에서 성업했다.

위그

깃털 달린 모자

퐁탕주(fontange)스타일

인본주의사상의 영향은 예술의 발전과 함께 남녀불문하고 과도한 장식과 화장이 유행하게 되었다. 목을 감싸는 러프 칼라(ruff collar)가 점점 대형화되면서, 모발은 짧고 단정하게 빗어 넘긴 형태를 띠게 되었다. 챙이 없는 모자인 토크(toque)와 장식용 쇠사슬인 벨페로니에(bellferronniere)를 사용하였다. 가발이 대중적으로 유행하였으며 모발을 적갈색과 노란색으로 염색하였다.

그리스와 로마 문화를 지향하였으며, 십자군의 귀향은 향장산업의 발전을 가져왔다. 이로 인해 정제된 화장수를 사용하였는데, 이는 알코올 증류법에 의하여 만들어지는 현재의 화장수와 유사한 형태였다. 이 시기에는 체취를 제거하기 위해 향수를 과도하게 사용하였다. 몽테뉴의 저서에는 팩과 크림에 관한 처방이 기록되어 있으며, 엘리자베스 여왕(elizabeth)은 스스로 화장품을 제조하기도 하였다.

다) 18세기 로코코시대(rococo)

로코코 시대에 이르자 궁중 문화는 퇴폐의 극에 달했다. 루이 15세 시대에는 퐁파두르(ponpadour)스타일이 유행하였으며, 루이 16세의 왕비 마리 앙투아네트(marie antoinette)를 시작으로 퐁탕주스타일이 거대해지고 화려해졌다.

티투스 스타일

퐁탕주 스타일

퐁파두르 스타일

푸프 스타일

프랑스 국왕 루이 15세의 애첩이었던 퐁파두르 후작부인은 후세에 허영심과 낭비의 화신이란 혹평까지 받기도 했으나, 머리형에 있어서 오늘날 퐁파두르(ponpadour)형이라는 앞머리를 차양처럼 돌출시킨 높은 트레머리를 남겼다. 루이 16세의 왕비인 마리 앙투아네트도 후세에 이 시대를 대변하는 모델이 된 거대한 헤어스타일을 탄생시켰다. 결발사 레오나르는 하늘 높이 머리를 빗겨 올리고, 그 위에 생화, 깃털, 리본, 보석, 모형선 등을 장식품으로 사용했다.

로코코 시대의 헤어스타일은 18세기 중반까지는 비교적 단순했으나, 그 이후 커지면서 역사상 가장 거대한 머리 모양을 연출하였다. 머리모양이 예술적이고 환상적인 것의 극치에 달했으며, 머리 모양이 높을수록 관심을 집중시켰다. 이러한 머리모양을 더욱 풍성하게 만들기 위해 철사, 밀가루 풀, 포마드, 꽃, 화관, 리본 등 다양한 재료와 장신구들이 사용되었다.

나폴레옹1세 시대인 엠파이어 시대에는 고대 그리스풍의 유행으로 장식의 화려함 보다는 자연미와 단순미를 강조하게 된다. 기본적인 꽃과 장식 핀으로 머리모양을 꾸몄으며, 타조깃털을 장식으로 사용해 클래식한 효과를 주었다.

위그

위그와 헤드

퐁탕주스타일(1690년경)

왕정복고 시대에는 귀족풍의 양상이 되살아났으며, 레이스, 리본 등의 화려한 장식으로 로맨틱하고 환상적인 분위기의 경향을 띠었다. 나폴레옹3세 때에는 합성염료가 발명되었고, 여성들 사이에서 붉은 머리카락이 유행하였다. 머리를 굵게 땋아 시뇽을 하거나, 어깨에 늘어뜨리거나, 머리위로 높게 올려 핀을 꽂거나 꽃을 꽂아 마무리했다.

(3) 근대 · 현대의 미용

가) 근대 19세기

프랑스 대혁명으로 기능성을 중시하였고, 낭만주의의 영향으로 앙글레즈(anglaise)스타일이 유행하였으며, 보닛이나 캡 형태의 모자를 착용하였다. 또한 남자의 머리는 짧아지는 형태를 보였다. 여성의 초기 헤어스타일이나 장식은 짧게 다듬은 머리와 조촐한 보닛 등이 주로 사용되었고, 중반부터는 모자의 챙이 넓어졌으며 아름다운 색상의 리본, 꽃, 깃털장식등을 하여 여

보닛 해드

1880년대 패션과 헤어스타일

앙글레즈(Anglaise)스타일

성다운 분위기를 표현했다.

나) 현대

1872년에 마셀 그라또우(marcel gurateau)가 아이론을 발명하면서 일시적인 웨이브 연출이 가능해졌다. 1905년에는 찰스 네슬러(charles nestle)의 스파이럴 와인딩 기법이 만들어져 이용되었다. 그 후 1925년 조셉 메이어(joseph mayer)가 모발 끝에서부터 감아들어 가는 크로키놀 와인딩 기법을 착안하여 짧은 모발도 웨이브가 가능해졌다. 1936년에는 스피크만(speakman)이 콜드 웨이브를 개발하였다. 그밖에 산업혁명으로 인한 다양한 과학기술의 발전으로 실용적이고 기능적인 머리 형태가 나타났으며 점차 다양화되고 개성화되었다.

20세기의 미용문화는 체계적이고 전문적인 시대가 되었다. 1901년 마사지 크림이 개발되었고, 1907년에는 샴푸가 생산되었으며, 1908년에는 손톱에 아름다움을 입혀주는 폴리쉬가 개발되어 많은 여성들이 사용하였다. 1912년 폴란드의 화학자 퐁크에 의해 비타민이 발견되고, 내분비 호르몬과 그의 자연현상이 과학적으로 발견되어 생리학의 발전을 예고하였다. 20세기에는 화장품 산업이 대량화되고 급속하게 성장할 수 있는 계기가 된 사건이 있었는데, 바로 1914년에 발발한 제1차 세계대전이다. 전쟁으로 인하여 향장산업이 군수산업으로 참여하게 되었고 본격적으로 대량생산화 되는 기틀을 마련하였다. 그 후 각각의 헤어, 메이크업, 피부, 네일 등의 뷰티 숍이 생겨났으며, 그에 맞춰 직업군이 생겨났으며, 여성들은 전문적이고 체계적인 관리와 서비스를 받을 수 있게 되었다.

3. 업스타일 디자인 구성요소

객관적인 미는 디자인의 요소를 디자인 원리에 따라 적절하게 배치하였을 때 다양한 기법을 시도할 수 있으며, 창의적인 작품을 탄생시킬 수 있다. 그리고 아름답게 꾸며 준다는 것은 디자인의 영역에서 기능적인 것과 연결하여 형태와 색채, 질감이 조화를 이루어 스타일을 구성함으로써 미를 창조하는 것이라 할 수 있다.

헤어디자인의 구성을 살펴보면, 디자인 요소의 형태적 특성으로는 선, 색채, 질감 등이 있고, 디자인 원리의 형식적 특성으로는 비례 · 질서 · 균형 · 조화 등이 있다.

1) 형태 (form)

업스타일에서의 형태는 업스타일 디자인의 모양을 나타내며 외곽선, 실루엣에 의해 결정되어진다. 연속된 점들이 모여 선을 이루어 직선 또는 곡선이 되며, 그것이 면과 모양을 만들며 3차원의 면과 입체를 만든다. 형태는 모양, 크기 방향으로 이루어지며, 방향(direction)은 선의 진로이다. 일반적으로 3차원의 형태는 평면에서 다수의 모양(shape)의 길이와 넓이를 가진 2차원적 선에 의해 생기는 평면적 공간 삼각형, 사각형, 원형으로 면의 성격을 지니는 것으로, 특정한 각도와 거리에서 보이는 형태의 외관이다.

헤어 디자인의 형태는 모양을 나타내며, 윤곽선이나 실루엣에 의해 결정되어진다. 이 형태의 특성은 모양 · 크기 · 방향 등의 구성요소들로 이루어져 있고, 이 구성 요소들은 완성된 스타일을 변화시킬 수 있는 중요한 역할을 한다. 점과 점을 연결하여 선을 만들고, 선이 이동한 곳에 면이 생기며 형이 된다. 거기에 방향구성요소가 덧붙여지면 전체적인 모습의 변화가 생기게 된다.

기본적으로 업스타일에 있어서 형태는 모양과 크기와 방향으로 이루어지는 것으로, 이 구성요소들은 완성된 모습을 변화시킬 수 있다. 디자인 내에서 머리 방향은 움직임을 뜻하며, 디자인의 역동성에 중요한 역할을 한다. 업스타일에서 형태는 어느 방향으로 확장이 가능한 볼륨이나 크기에 따라 달라지며, 디자인의 분위기에 영향을 준다. 모양, 크기, 방향은 형태의 성격을 가장 강하게 시각화 해주기도 한다.

형태는 모든 디자인 과정 중에서 창의성과 조형성에 결부되어 디자인 부분에 기초가 되는 것이므로 헤어 디자이너가 기본 지식으로 배워야 할 내용이며, 올바른 기초 교육을 확립하는데 필요한 요소라고 할 수 있다.

(1) 점

기하학적 정의에 의하면, 점은 면적이 없이 위치만을 표시하는 것을 말하는데, 조형요소로서 도면상에 비교적 작은 면적을 점유하는 것을 말한다. 업스타일에서의 점은 하나의 포인트로서 디자인상 한 점에 결정되어진 시뇽 등 위치의 결정을 말한다. 따라서 모든 척도들은 점의 여러 가지 변형된 형태라 할 수 있다.

공간에 한 점을 두면 집중력이 생기고, 중심에 있음으로 하여 주목성과 안정감이 생긴다. 점은 포인트와 위치를 표시하는 것이며 전체적인 모양과 크기를 이루는 기본 요소이다.

(2) 선과 컬

선은 시각적 요소들 가운데 매우 중요한 것으로 기하학에 '무수한 점들의 연속'으로 정의한다. 또한 선은 '점이 이동하고 남긴 경로'이며, '하나의 이어진 동작을 눈으로 볼 수 있는 과정'이라고도 한다. 하나의 선은 길이나 넓이, 농도 또는 방향에 따라 다양해지는데 이러한 다양성을 활용함에 따라 디자인된 작품의 결과가 달라진다.

직선의 일반적인 심리적 연상은 강직 · 명료 · 단순 · 직선적 · 속도감 · 긴장감 · 직접성 · 예리함 · 간결 등의 느낌을 주며 남성적 요소가 강하다. 곡선의 일반적인 심리적 연상은 유연 · 풍요 · 우아 · 간접적 · 리드미컬 · 온화 등의 감정이 나타난다. 또 곡선은 생리적, 심리적 각도에서 보면 여성적 요소가 강하다. 유기적인 선은 부드러우며 자유스러운 느낌을 주며, 자유 곡선은 자유롭고 개성적이며 복잡하고 변화가 많고 유연성이 있는 리듬을 표출한다.

또한 선은 업스타일에서 모든 기술 표현의 시작이 되는 컬의 기본요소가 된다. 업스타일을 하기 위한 가장 기본적인 순서로 미리 블로우 드라이나 아이론을 이용하거나 세팅기로 머리를 말아 두는 것이다. 이것은 열을 사용하여 모발을 자유자재의 형태로 연출을 하기위한 사전 작업이다. 그리고 이 과정은 C컬, S컬, U컬 등의 이미지를 손쉽고 빠르게 구사할 수 있도록 하여 완성도를 높여주게 된다. 모발을 원하는 방향으로 펴거나 구부릴 수 있고, 컬의 강약을 조절할 수 있으므로 업스타일에서는 가장 중요한 과정이라 할 수 있다.

(3) 면

면은 공간을 구성하는 기본단위이며, 형을 만드는 형상요소들 가운데 기본형상의 하나이다. 이동하는 선의 자취가 면을 이루는데 선의 꺾임과 구부러짐의 가능성에 기인하여 면의 윤곽을 결정한다. 따라서 면은 점의 밀집이나 선의 집합 또는 선으로 둘러싸여 성립되며, 공간에 있어서 입체화된 점이나 선에 의해서도 성립된다.

업스타일에서 면은 모발이 집합하여 만든 면적과 표면 광택을 말하는데, S컬 · C컬 · J컬 · U

컬 등의 패턴화 된 질감으로 나타낼 수 있다.

(4) 입체

입체는 면의 이동으로 점, 선, 면보다도 명백하고 보다 많은 특징을 지닌다. 그것은 굵기 · 긴밀한 · 3차원성 · 무게 등이다. 원 · 정사각형 · 삼각형이라는 기본 평면이 입체로 전개될 때 입체의 기본형식이 된다.

업스타일에서는 얼굴형에 맞는 입체적인 구성을 요하며, 전체적인 이미지가 대체로 삼각형 구도로 디자인해야 한다.

2) 방향(direction)

방향은 천체축의 수평, 수직, 대각으로 결정된다. 천체 축은 모든 직선과 곡선으로 구성되어 있는 형태의 방향을 분석하는데 이용될 수 있다. 형태내의 방향은 움직임으로 역동성에 중요한 역할을 하며, 형태의 크기와 볼륨 위치에 따라 결정된다.

헤어디자인내의 머리 방향은 움직임을 뜻하며, 디자인의 역동성에 중요한 역할을 한다. 즉, 시각적인 효과를 계획하며 형태내의 모양 · 방향 · 크기에 의해 스타일의 조화를 이루는 것이다. 따라서 수직 · 수평 · 좌 · 우 대각 방향으로 천체축의 직선과 곡선을 조합하여 디자인하게 된다. 업스타일은 인위적으로 방향을 설정하여 유도하고 고정하는 작업이다.

방향은 인간의 심리에도 영향을 주는데 수직은 엄격, 간결, 위엄을 느끼게 하며, 수평은 안정, 평온, 단순, 고요함을 느낀다. 사선방향은 활동, 젊음, 쾌할, 파격의 느낌을 갖게 하며 원심은 개방, 외향, 밝음, 활동적이며, 구심은 내향적, 여성적, 순수, 차분함을 느끼게 한다.

포인트 위치는 모양이나 크기방향에 따라 조화미에 영향을 주며, 각각의 얼굴형에 어울리도록 하는 수단으로 유용하게 이용 될 수 있다. 또한 포인트의 위치 이동에 따라서 다양한 이미지 변화를 만들어 낼 수 있다.

높은 머리는 톱을 향한 원형과 타원형으로 C · P에 위치한 모발형태로 화려하고 우아함, T · P의 젊고 발랄함을 E · P의 현대 감으로 단아함을 표현할 수 있으며, 톱과 전두부의 위치에 여러 기법을 이용한 볼륨 또는 포니테일로 올린 머리와 같은 이미지를 나타낸다.

중간머리는 B · P에 위치한 모발형태로 정교함, 고상함으로 백 부분의 볼륨과 원형, 장구형 등의 모양을 여러 기법으로 만들어 백 부분으로 올린머리이다.

낮은 머리는 N · P에 위치한 머리로 단아함, 고전적인 표현할 수 있는 머리로 목을 감싸듯이 앞에서 보이도록 올린 머리이다.

일반적인 업스타일의 공통점은 풍성한 볼륨이라고 할 수 있다. 이것은 롤이 머리가닥 자체 내에서 싸여지고 감겨지는 것이다. 롤은 수직축을 따라 네이프에서 시작하여 점차 위로 올라가며 마는 수직 롤, 헤어디자인에 평행한 곡선을 따라 마는 윤곽 롤이 있다. 패션 경향이나 개인적인 선호도와는 별도로 롤의 크기는 머리의 길이에 따라 결정되고, 긴 머리는 볼륨감을 추가로 만들어 낼 수 있는 장점을 가진다. 대부분의 롤은 원통형이나 원뿔형의 모양을 하고 있으며, 천체축의 어느 선을 따라서도 감을 수 있고, 롤의 방향은 시계방향, 반시계 방향 또는 두 방향 모두가 될 수 있다.

3) 질감(texture)

어떤 물체를 직접적으로 만져보지 않아도 그것을 손으로 만지면 어떤 느낌이 들 것이라는 것은 경험을 통해 알게 되는데, 이것이 물체의 질감이다.

질감은 촉각적 질감(tactile texture)과 시각적 질감(visual texture)으로 구분된다. 촉각적 질감은 실제로 만져서 느낄 수 있는 질감이며, 시각적 질감은 색 · 명암 · 표면 등을 통해 느낄 수 있는 질감이다. 즉, 질감은 촉각과 시각으로도 감지할 수 있는 것이다. 질감은 표현의 촉감, 시각적, 느낌, 빛의 반사, 다양한 기법사용으로 촉각과 시각으로 느낄 수 있는 표면의 질을 표현할 수 있다.

어떤 물체이든 재료로써 구체화되므로 재질에 대한 다양한 감각적 체험이 중요하다. 재질에 의해 달라지는 여러 가지의 질감은 감각을 느낄 수 있는 시각적인 요인이 된다. 따라서 질감은 헤어 디자인의 컨셉과 유동적인 모발 · 형태 · 공간 · 색상에 맞게 적용하여 일관성 있게 표현되어야한다.

모발이 군집을 이룬 상태의 결과에 의해 표면적으로 나타나는 심리적인 상태를 질감이라고 한다. 질감은 시각적으로 다른 느낌과 만족을 얻을 수 있고, 감각을 활성화시키는 효과가 있다. 헤어디자인의 질감은 촉각과 시각으로 느낄 수 있는 표면의 질감으로 표면의 모습이나 느낌이다. 헤어디자인에서 질감에 영향을 미치는 요인은 색감, 모발의 긴장감, 모발의 흐름에 의한 순행과 역행, 직선과 곡선, 모발의 넓이, 모발 높낮이, 모발의 밀도, 표면상의 요철 정도 등이 있다. 업스타일에서는 매끈한 질감과 패턴화된 까칠한 질감으로 구분할 수 있으며, 컬의 기법과 모발양은 결과적으로 나타나는 질감에 영향을 미친다. 컬과 웨이브의 율동감은 업스타일의 가장 특징적인 표현기법이며 업스타일이 이루어지는 모든 작품의 시술 과정 중 빠지지 않고 많이 사용되는 디자인 기법이다.

업스타일에서 질감표현은 도드라진, 날카로운, 부드러운, 매끄러운, 거친 표현 등을 나타낼 수 있다.

4) 색채(color)

색은 가시광선이 물체에 비추어 반사 · 분해 · 투과 · 굴절 · 흡수 될 때 안구의 망막과 여기에 따르는 신경에 자극됨으로써 감각된 현상으로 나타나는데 디자인 요소 중에서 가장 감각적인 것이라고 할 수 있다. 물체가 자연광을 받으면 일정한 파장의 빛만 반사하고 나머지는 흡수한다. 이러한 성질을 바탕으로 표면색, 투과색, 광원색으로 나뉜다.

표면색은 물체 표면으로부터 반사하는 빛에 의한 색을 말하며, 투과색은 유리처럼 빛을 투과시키는 물체를 통해 나오는 빛에 의한 색이고, 광원색은 빛을 발하는 광원에서 나오는 빛이 직접 눈에 들어가서 그 광원에 느껴지는 색을 말한다.

색은 색상, 명도, 채도의 3가지 특성을 가진다. 색상이란 가감되지 않은 상태로 색채의 가장 기본으로 난색계 · 한색계 · 중성계로 나눌 수 있다. 명도란 밝고 어두움의 차이를 말하며, 흰색은 0, 검정색은 10으로 등분한 그레이 스케일을 사용한다. 채도는 색의 선명한 정도를 말하며, 채도가 가장 높은 색을 순색이라 하고, 가장 낮은 색을 탁색이라고 한다. 모발의 색에 자연스럽게 변화를 주고자 할 경우, 흑발에서 금발까지의 표현이 가능하다. 색채는 빛의 반사를 통해 알 수 있는 구성요소이므로 어떠한 물체에 빛이 반사될 때 얻어지는 시각적 효과로 깊이와 입체감을 만들어 내는 디자인 요소로 일반적으로 디자인에 가장 강한 영향을 준다. 시각적 착시를 만들어 어두운 색은 대상을 작고 들어가 보이게 하고, 밝은 색은 대상을 크고 나와 보이게 한다. 색감의 표현에 따라 같은 디자인이라도 전혀 다른 이미지를 표현할 수 있다. 그러므로 업스타일을 할 때 제작 과정 중 색을 이용하게 되면 표현하고자 하는 이미지의 형성화에 더욱 가깝게 표현해 낼 수 있게 된다.

업스타일에서 색상은 밝고 어두운 정도에 따라 깊이 · 면적 · 질감의 착시현상을 일으키는 디자인 요소이다. 어두운 머리 색상은 더 깊이가 있으며 외각 형태에 주위를 집중시키는 반면, 밝은 색상은 형태 내의 각각의 세부적인 모양에 시선을 이끈다. 또한 따뜻한 색상의 모발은 차가운 모발 색상과 함께 있으면 앞으로 돌출되어 보이면서 어떤 특정한 부분에 흥미를 더해주고, 차가운 톤의 색상은 후퇴되어 보이면서도 안정적으로 보인다. 그리고 머리색상의 혼합은 디자인의 크기를 더해주며 질감에 착시효과를 준다. 실용적인 업스타일은 주어진 색상 내에서 디자인하기 때문에 색상이 마지막 디자인에 끼치는 영향을 고려하여야 한다.

5) 크기

선과 형태들, 그리고 이들 사이에 있는 공간간격은 크기와 면적으로 서로 달라질 수 있다. 모든 형태에는 크기가 있으며, 단순히 크고 작고 길고 짧음뿐만 아니라 구체적인 측량이 가능하다. 점 · 선 · 면 · 입체가 상호간에 공간의 간격을 가질 때 이 공간의 간격은 크기를 가리킨다. 크고 작다는 것은 비교에서 일어나는 시각상의 판단에 의한 것이다. 작은 것이라도 더 작은 것에 비교하면 크게 보이고, 큰 것도 더 큰 것 과 비교하면 작게 느껴진다. 디자인에서 한쪽을 크게 하고 싶다면 한쪽을 작게 하거나 구심적, 원심적인 선의 표현으로 수축과 확장 작용을 통해 크기를 다르게 보일 수 있게 한다. 헤어스타일에 있어 두상의 크고 작음과 모발의 길고 짧음, 모발 숱의 많고 적음은 작품결과의 크기에 영향을 미친다.

4. 업스타일 조형의 시각 원리

예술분야 가운데 공간적인 형태의 시각적 예술품을 만들어내는 일을 조형예술이라고 한다. 조형이란 물건을 만들 때 형태를 잡는 것이며, 조형에는 반드시 색이 따른다. 형태, 색채, 질감에 의해서 이루어지고 세 가지 요소가 합쳐진 것을 조형이라고 한다.

헤어디자인의 목표는 미적인 것과 기능적인 것을 작품으로 통합하는 것이다. '미(美)' 와 '용(用)'의 두 가지 가치 개념을 통일적으로 실현하는 기술적 프로세스가 포함된 디자인이라 할 수 있다. 따라서 디자인의 중요한 과제는 구체적으로 '미'와 '용'을 어떻게 조화시키느냐에 있다.

헤어디자인을 완성하기 위하여 이루어져야 할 각 요소들의 상호 의존적인 질서를 세우기 위한 구조적 계획을 헤어디자인의 조형원리라고 한다. 그리고 구성 원리는 디자인의 원리라고도 할 수 있는데, 이는 디자인의 요소들이 어떤 특정한 효과를 성취하기 위하여 어떠한 방법으로 결합되어야만 하는가를 결정하는 하나의 연관법칙이나 또는 구성계획이라 할 수 있다.

즉, 디자인 요소들이 어떤 특정한 효과를 성취하기 위해 어떻게 결합되어야 하는가를 결정하는 구성 계획이라 할 수 있다. 이러한 형식 원리들은 본래 미학상의 개념이나 많은 예술 분야에서도 사용되는 원리로써 헤어 디자인에서도 조화 · 통일 · 균형 · 비례 · 리듬 · 강조 · 대비로 구분할 수 있다. 또한 이러한 원리들은 상호 보완적인 관계를 갖고 형식적 요소나 감각적 요소의 영향에 의해 총체적으로 나타난다. 업스타일도 형태를 다루면서 최상의 아름다움을 추구하기에 조형 예술적 측면에서 접근하는 것이 필요하다.

1) 균형(balance)

균형이란 서로 반대되는 힘의 평형상태와 디자인의 시각적 또는 실제 무게감을 말하는데, 시각적인 균형은 모양 · 명도 · 질감 · 색채의 균형으로 구분되며, 모양의 균형은 대칭과 비대칭의 두 가지 형태로 구별된다.

또 균형은 대조적이며 반대가 되는 요소들, 혹은 상호작용하는 요소들 사이의 평형상태를 말한다. 형태를 분석 할 때, 우리의 눈은 자연적으로 디자인 내에서 평형을 찾으려 한다. 업스타일에서 시각적 밸런스는 선, 형, 분량, 방향, 위치 등의 요소에 따라 여러 가지 심리적 감정을 나타낸다. 좌우가 같은 형에는 같은 양의 힘이 중심에 있으므로 정적이면서 안정감을 갖는 동시에 보수적인 느낌을 준다. 좌우가 거리를 다르게 하거나 밀도를 다르게 하면 한쪽 방향에 균형을 잡는 것으로 대비적 요소에 따라 형태의 미를 강조하여 감각적인 운동감과 유연성을 나타내는 균형이다. 힘은 수평과 수직으로 끌리게 되는데, 끌리는 힘에 의해 균형이 잡히기도 한다. 균형에는 대칭(symmetry)과 비대칭(asymmetry)이 있다.

대칭(symmetry)은 가장 정형적인 구성형식의 균형이 잡힌 형태로서 구성의 중앙을 지나는 선을 축으로 양쪽 면을 접으면 완전히 일치되는 것을 말한다. 안정적이며 통일감을 얻기 쉬우나 엄격하고 딱딱한 느낌을 준다. 대칭 균형의 이미지는 형식적이며, 권위적인 느낌을 준다.

반면 비대칭(asymmetry)은 한 형태의 양쪽이 서로 다른 불균형이지만, 시각상의 정돈에 의해 균형 잡힌 것으로 안정감을 주며 시각적 무게를 갖고 있어서 개성적이다. 또한 다양성을 가지며 대칭적 균형과 반대로 가운데 중심선을 기점으로 좌우가 균등하지 않을 때 또는 상하를 기점으로 균등하지 않을 때 비대칭적인 균형을 이룬다. 정형화 된 균형보다 매력적이고, 신비로움을 줄 수 있다. 비대칭 균형의 이미지는 동적이고, 융통성이 있으며, 부드럽고, 자연스러운 느낌을 준다.

헤어디자인에서 균형은 형태, 질감, 색채, 위치, 방향 등으로 얻어진다. 무게감에 대한 균형이 깨졌을 때 조화로움이 깨지고 불안정해 보인다.

2) 율동(rhythm)

율동은 연속적으로 흐르는 선의 운동, 방사상의 팽창, 그리고 서서히 진행되는 변환에 의해서 물체의 사이에 시각적인 강한 힘과 약한 힘이 규칙적이고 반복적인 운동이 연속 될 때에 생긴다. 즉 연속적으로 반복되거나 점진적으로 변화하는 모양을 갖는 운동이라고 할 수 있다. 각 요소들의 강・약이나 단위의 장단이 주기성이나 규칙성을 가지면서 연속되어지는 운동을 말한다. 율동이 무시되었을 때는 부드러운 질서와 운동감을 느끼지 못하게 되며 딱딱하고 어색한 느낌을 준다.

디자인에 있어서 율동은 선・형태・질감・색 그리고 밝고 어두운 패턴과 공간적 간격 등으로 이루어지며, 한 부분에서 다른 부분으로 시선이동을 편이하게 하고, 부분들 간의 시각적 관심의 순환적 흐름을 유지하도록 돕는다. 그리고 같은 형이 되풀이 될 때 통일감이 깃든 아름다움이 발생한다.

머리 길이(shape), 머릿결(texture), 색상(color)의 디자인 요소들이 서로 관련을 가지면서 반복되어 미묘한 움직임을 느끼게 하는 것이다. 율동이 있는 디자인은 보는 사람의 눈길을 한 곳으로 자연스럽게 유도하는 힘이 된다. 율동이 없는 스타일은 눈길을 끌지 못하므로 불연속적이고 산만한 느낌을 준다.

3) 조화(harmony)

조화란 한 가지 또는 그 이상의 관점에 있어서 서로 유사한 단위들의 배합을 말한다. 하나 혹은 그 이상의 형태 · 크기 · 색채 등과 같은 요소와 특징 등이 서로 비슷한 모양을 이룰 때 이 모든 단위들은 조화되어 있다고 한다.

조화는 사물이나 사상의 전체적인 균형미를 나타내는 관념을 뜻하나, 심리적이고 감각적인 측면에서 측정될 수 있는 부분으로 모든 디자인의 기초라 할 수 있다. 그리고 두 개 이상의 요소 또는 부분의 상호관계에서 그들이 분리되거나 배척하지 않고, 서로 통일되어 밀접한 관계를 가지고 느낄 수 있는 높은 감각적 효과를 나타낼 때 일어나는 현상이다. 또는 감각, 분위기, 표현 방법 등이 일치감 있는 유사성 등으로 서로 충돌되지 않는 느낌, 즉 소속되는 느낌을 주는 원리이라고 할 수 있다.

조화를 맞춘다는 것은 하나의 조형물에 부분과 부분, 전체와 부분의 상호 균형을 유지하도록 묶어 안정된 상태를 만드는 것이다. 그리고 그 상관성에 따라 완성되기까지 과정을 안내하는 것이다. 조형물을 관찰해보면 여러 가지 부분의 집합체라는 것을 알 수 있다.

유사조화는 같은 성격의 요소들이 조합되어 이루어진 것으로 서로가 동일하지 않아도 서로 닮은 형태의 모양 · 종류 · 의미 · 기능끼리 연합하여 한 조로 만들 수 있는 것이다.

대비조화란 서로 다른 요소들이 결합으로 서로가 다른 것을 강조하면서 조화를 이루는 것을 말하며, 개성적이면서 설득력이 풍부하고 대비가 클수록 서로의 성격이 뚜렷해진다.

비조화란 이와 반대로 디자인 요소간의 격차가 극대화된 것으로, 구성단위들 사이 최대한도의 간격을 말한다. 차이성이 현저하게 높을수록 미적으로 매력적이고도 개성이 뚜렷해 보인다. 대신 조화에 실패하면 혼란스런 느낌을 준다.

조화는 두 가지 이상의 요소 간의 상호관계 속에서 성립된다. 서로 유사한 것을 배열하여 그 공통성에서 질서를 찾아 통일성을 갖게 하는 것이므로 헤어 디자인에서의 조화는 아이디어(idea)와 모드(mode)의 조화, 디자인 요소와 원리들 간의 조화는 물론 기능적, 물리적, 심리적인 효과를 거둘 수 있어야 한다.

헤어스타일은 고객의 직업, 생활환경, 기호와 조화를 이루어야 하며, 헤어의 컬러는 손님의 복장, 얼굴색, 눈동자의 색, 체형 등의 여러 가지 요소와 조화를 이루어야 한다. 또한 색채에 따라 느껴지는 질감, 즉 거칠고 투박함, 섬세하고 부드러움, 강렬함, 화려함, 차분함 등이 상응하는 헤어스타일과 조화가 필요하다.

4) 강조(emphasis)

강조는 어떤 부분을 특히 두드러지게 표현하는 것으로 심리적으로는 긴장감을 준다. 업스타일 디자인에 있어서의 강조는 디자인의 초점이나 주된 흥미와 관련이 있다. 형태를 통해 어느 한 점에 개성적인 포인트를 주어 시선을 한 곳으로 집중시키거나, 밝은 색상이나 혹은 어두운 색상을 사용해 작품의 강조점을 만들어내는 것 등이다. 형태 · 질감 · 색상을 통하여 어떤 특정한 효과를 성취하는 것은 헤어디자이너의 예술적인 감각이라고 할 수 있다.

좋은 디자인은 보는 사람의 시선을 한 곳에서 다른 곳으로 이동시킬 수 있도록 처음 시선을 집중시킬 수 있는 강력한 중심점으로써, 흥미를 불러일으키고, 통일(unity)을 얻을 수 있으나 지나치면 피곤해지므로 주의한다.

헤어디자인에서 강조는 나타내고 싶은 특유의 것을 장식을 이용한다거나 표현을 극대화 하여 이목을 집중시키는데 있다. 강조에 따른 업스타일로 장식을 활용하여 과장된 형태를 강조한 경우와 볼륨을 강조하기 위해 다른 특징을 최소화하기도 한다. 피스를 활용한 작품은 전투적이고 강한 이미지를 나타내고, 볼륨을 강조한 작품은 우아하고 여성스러운 이미지를 나타낸다.

고객의 단점은 커버하고, 장점을 부각시켜 개성화하여 강조부위를 창조하는 것이 헤어디자이너의 역할이다. 잘 된 디자인일수록 강조점이 뚜렷하고 적절한 위치에 놓여있지만, 강조가 부족한 디자인은 혼돈을 가져오고 산만한 느낌을 준다. 모든 디자인에는 반드시 강조점이 있어야 하며, 그 강조점은 한 개로 하여 유행의 10~20%만 악센트(accent)화 하여야 한다.

5) 비례(proportion)

모든 사물은 상대적인 크기를 다룬다. 비례는 물건의 크기나 길이에 대하여 그가 가진 양의 관계를 가리키는 말로 조화의 기본이 되는 균형을 말한다. 규칙적 운동의 변화를 주어서 부분과 전체의 관계를 좀 더 풍부하게 하는 수적 변화로 비율, 분할을 뜻하며 대소의 분량, 장단의 차이, 부분과 부분 또는 부분과 전체와의 수량적 관계가 미적으로 분할될 때 보기 좋은 비례를 형성한다. 어떤 기준의 길이와 크기에 차등을 두거나 조화로운 형태를 얻는 것이다. 즉 기준에 비해 길다, 짧다 등 조화로운 배열을 뜻하는 것으로 가장 아름다운 비례를 황금 비례 또는 황금 분할이라고 한다.

비례가 적용되는 예로는 크기와 사용된 색의 양 · 공간의 구조 · 형태 · 질감 · 감촉 등을 들 수 있다. 디자인에서 미적으로 분할되는 황금분할은 어떤 선을 2등분하여 작은 부분과 큰 부분의 비를 큰 부분과 전체의 비례 같게 한 분할을 말한다. 그 비율은 대략 5:3이나 8:5로 많은 디자인에 응용되고 있다. 디자인 원리에서 비례는 전체형태와 부분형태 간의 양적인 비교를 포함하는 원리이다.

6) 통일(unity)

통일은 형태의 구성 원리 중 가장 핵심이 되는 요소로서 형태의 균형, 비례, 리듬, 강조가 어떻게 구성되었느냐에 따라 얻게 된다. 중심과 객체, 힘과 질서가 있어 혼란을 방지하는 통일성은 어떤 디자인에 있어 한 요소를 반복함으로 얻어질 수 있으며, 디자인을 통해 전달하고자 하는 바를 명확하고 효과적으로 전달하는데 목적이 있다.

통일은 형 · 색 · 양 · 재료 및 기술상에서 미적단계의 결합이다. 부분과 부분, 부분과 전체 사이에 질서를 이루거나, 형태 · 선 · 질감 등이 통일성을 가질 때 이루는 조화를 의미한다. 디자인은 전체적으로 통일된 연결이 없으면 아름답다 할 수 없으므로, 디자인에서 연결을 조직해서 계획하는 것은 가장 중요한 요소이다. 그러나 너무 단조로우면 흥미를 잃게 된다.

통일은 선의 방향 · 형의 크기 · 주위를 끄는 힘의 통일 등으로 분류할 수 있으며, 정적 통일과 동적 통일의 두 가지 형태가 있다. 정적 통일은 규칙적이고 기하학적인 모양과 정삼각형, 원 또는 이러한 형태에서 유도된 구조들로서 나타난다. 정적 디자인은 규칙적이고 반복된 형태들과 원이 균일하고 변하지 않는 곡선에 기반을 두고 있다. 반면 동적 디자인들은 중심핵이 점차 커지면서 크게 번져가는 대수적 나선형의 연속된 흐름과 흡사하다.

디자인은 전체적으로 통일된 연결이 없으면 아름답지 않다. 디자인에서 가장 중요한 것은 연결을 조직해서 계획하는 것이다. 헤어디자인에 있어 여러 가지 미적 요소들을 조직화시켜 통일을 이룸으로써 조화로운 형, 색, 질감이 공통된 특징으로 나타난다. 헤어디자인에 있어 가장 중요한 것은 미의 요소들을 종합해 통일을 이루는 것이라고 할 수 있다. 통일이라는 것은 디자인에 있어서 보는 사람의 관심을 집중시키는 단일적 인상을 주는 것이지만, 지나치게 통일을 강조하면 단조로워 아름다운 자극을 흐리게 하고 반면에 변화만을 추구하면 질서가 없으므로 감정에 혼란과 불쾌감을 유발시킬 수 있다. 통일성은 다양화와 함께 주와 조연을 확실하게 구분하고, 강조부분에서 강약을 확실하게 해야 디자인에서 의도하는 표현을 할 수 있으며, 대비를 통해 시각적인 충동과 긴장을 나타낸다. 사람의 욕구는 헤어에 있어 다양성을 추구하며 그것을 충족시키기 위한 디자인은 시각적인 아름다움과 즐거움을 만들어 내기 위한 유사성과 상이함의 균형과 조화를 이루는 조형예술이라고 할 수 있다.

7) 변화(variation)

변화는 모든 주변 조건에 따라 특정한 부분을 강조하는 것으로 집합물로부터 얻어지며, 잇달아 일어나는 시간적 요소를 내포한다. 크기와 형, 색채 등이 통일되지 않은 것이며, 움직임이 있어 신선하고 자유로움을 준다.

지나친 변화는 혼란과 무질서를 초래하며 구성이 산만해지므로, 통일의 영역을 침해하지 않는 한도 내에서 이루어져야 효과적이다. 변화를 표현하는 방법으로는 디자인 요소의 반복에 의하거나, 디자인 요소나 의미의 대조를 통해 얻을 수 있다. 그러나 지나친 변화는 그 본래 전달하는 바를 약화시키고 강조의 효과를 줄어들게 할 수 있으므로 주의해야 한다.

8) 반복(repetition)

반복은 동일한 요소나 대상 등을 반복적으로 배열시켜 시선 이동을 유도하여 동적인 느낌을 줌으로써 율동감을 느끼게 하는 것이다. 이러한 반복은 대상의 의미를 강조하는 수단으로 사용되기도 하는데, 모든 구성단위들이 위치만 다르고 동일하기 때문에 단조로운 느낌을 주기도 한다.

거의 똑같은 어떤 두 대상의 모양 · 짜임새 · 색상 · 방향 혹은 모발 길이의 단위가 동일하게 연결되는 일종의 거울과도 같은 것이 반복이다.

9) 디자인 법칙

디자인의 법칙은 디자인의 요소들이 어떤 특정한 효과를 나타내고 성취하기 위하여 어떻게 결합되어야 하는가를 결정하는 연관법칙 또는 구성계획 할 수 있으며, 예술가들이 디자인 요소를 구성하는데 사용하는 구성 배열 패턴이라 할 수 있다. 조화 · 비례 · 균형 · 율동 등이 상호 보완적인 관계를 갖고 형식적인 요소나 감각적 요소의 영향에 의해 총체적으로 나타나는 것이다.

업스타일에 있어서도 다른 예술 형식과 마찬가지로 형태 · 질감 · 색상을 구성하는데 사용하는 구성 배열 패턴으로 디자인 법칙을 이용한다. 업스타일을 창작하는데 있어서 주로 사용되는 두 가지 법칙은 균형과 강조이다. 이러한 패턴을 알고 있으면 디자인을 분석할 때 전문가로서의 의사소통이 구축되고 자신만의 예술 작품을 창조하기 위한 토대를 만들 수 있다.

5. 업스타일 결정시 고려사항

1) 고객의 여건

사회적 흐름 속에서 여성의 아름다움을 표현하는 머리형태중 헤어 업스타일은 시대가 변화해도 그 시대에 맞는 우아함을 가장 잘 특징적으로 표현해 주면서 각종 중요한 행사나 모임에 맞게 연출된다. 이러한 역할을 담당하는 헤어디자이너는 고객 한 사람 한 사람의 직업과 개성, 인품을 이해하고 토털적인 의미에서 그 사람에게 가장 잘 어울리는 스타일을 창출해 내야 한다. 또한 헤어디자이너는 자신의 일에 진심으로 자부심을 갖고 창조하는 즐거움을 가지며, 하나의 일을 보다 완벽하게 달성되어 가는 것을 느끼고 노력하는 것이 중요하다.

헤어디자이너는 실제적으로 시술하기에 앞서 고객의 업스타일 디자인을 창의적으로 구상할 수 있어야 한다. 업스타일 고객의 여건은 크게 내적조건과 외적조건으로 나눌 수 있다. 구상의 단계에서 전체적으로 고려되어야 할 고객의 상황 및 조건은 고객의 요구도와 얼굴형, 연령, 신체구조, 모발조건, 개성, 직업, 이미지, 만족도, T(time, 시간), P(place, 장소), O(occasion, 경우, 때), 성향 등이다. 상황을 고려한 디자인 구상이 끝나면 그것을 신속하고 정확하게 표현해 내는 기술과 예술 감각에 맞게 연출할 수 있는 실력을 갖추어야 한다.

직업에 따라 유행하는 스타일을 원하거나 또는 점잖은 품위를 연출하고자 하는 경우도 있으므로 고객의 요구도를 신중하게 경청하여야 한다. 고객이 여가활동을 즐기는지 아니면 바쁜지, 집안에 있기를 좋아하는지 아니면 밖으로 나가는 것을 좋아하는지, 어떤 부류의 공동체에 속해 있는지, 헤어 숍 방문 뒤에도 얼마나 모발을 잘 관리하는지 등을 질문으로 파악하여 디자인에 참고한다. 시간별, 계절별, 어떠한 장소와 목적인가에 따라 디자인이 달라지므로 고려한다. 이러한 것을 고루 갖추기 위해서 헤어디자이너는 여러 분야에 관심을 갖고 기술을 연마하고 연습을 해서 기술을 쌓아야 된다. 또한 사람과의 접촉을 중요시하며, 고객들이 무엇을 바라고 있는가를 이해하고 그들의 요구하는 것이 어떤 것인지를 잘 파악할 수 있어야 한다.

(1) 키(신장)와 체격

고객의 키와 체격은 업스타일에서 외적조건에 해당되며, 업스타일의 전체적인 구조에 많은 영향을 준다. 키와 체격에 따라 업스타일의 구조와 강조점을 다르게 적용하여 디자인을 계획하는 것이 균형에 맞는 아름다움을 표현할 수 있기 때문이다. 키가 작고 체격이 왜소한 경우에는 전체적인 구조와 크기가 작게 하고, 보조물이나 장식 등을 이용하여 톱 부분에 볼륨과 강조점을 나타내야 하며, 보조물의 크기가 너무 크지 않도록 주의한다. 키가 크고 체격이 큰 경우에는 상향의 디자인 보다는 하향의 디자인이 적당하며, 안정감 있는 것이 여성스러움을 강조할 수 있다.

⑵ 모발조건

고객의 모발조건은 업스타일에서 외적조건에 해당되며, 모발조건에 따라 업스타일 디자인의 계획과 완성이 달라질 수 있다. 모발의 조건은 길이, 모량, 모질, 손상의 정도, 펌의 유무 등이 해당된다. 모발의 길이와 모량에 따라 업스타일을 할 때 싱, 피스 등의 보조물이 필요하게 된다. 모질이 두껍고 건강한 경우 모발에 힘이 강하므로 열기구에 의한 적절한 세팅과 단단한 고정력이 요구된다. 손상모발의 경우 백콤이 쉬워 볼륨표현은 어렵지 않으나, 업스타일의 표면과 모발 끝의 매끄러움 표현에 주의해야 한다. 펌이 되어 있는 모발은 블로우 드라이나 아이론을 이용하여 매끄럽게 펴준 후에 원하는 웨이브를 만들어 시술해야 한다.

⑶ 상황

고객이 업스타일을 하고 가야하는 곳의 상황은 업스타일에서 외적조건에 해당되며, T(time, 시간), P(place, 장소), O(occasion, 경우, 때)를 나타내는 것이다. 어떤 시간대에 어떤 장소에서 이루어지는 행사인지를 파악하여 그 상황에 맞는 적절한 업스타일 디자인이 되어야 한다. 기쁜 일의 상황이라면 화려한 스타일이 어울릴 수 있고, 슬픈 일의 상황이라면 잔잔한 스타일이 어울린다. 그러므로 고객의 상황에 맞는 업스타일 디자인을 위해 면밀한 상담이 필요하다.

⑷ 성향

고객의 성향은 업스타일에서 내적조건에 해당되며, 크게 외향적인 경우와 내향적인 경우로 나눌 수 있으며, 이것은 개인 이미지에 지대한 영향을 미친다. 성향에 따라 좋아하는 취향이 다른 경우가 많으므로 적용되는 스타일이 달라진다. 고객이 만족하는 업스타일을 위해서는 고객이 희망하는 것을 경청하고 성향과 취향을 잘 파악하여 시술하여야 한다.

2) 얼굴형에 맞는 업스타일

헤어스타일은 사람의 인상을 달리 보이게 하며 헤어디자인 결정에서 가장 중요한 요소 중의 하나가 고객의 얼굴형이다. 얼굴형은 인상을 결정짓는 매우 중요한 요인이 되므로 먼저 고객의 얼굴형을 파악하는 것이 가장 잘 어울리는 헤어스타일을 디자인할 수 있는 첫 단계이다. 헤어스타일의 표현방법에 따라서 단아함, 화려함, 정숙함, 우아함, 섹시함, 부드러움, 딱딱함 등을 나타낼 수 있다. 그리고 때로는 어려 보이게 하거나 또는 실제보다 더 노숙하게 보이도록 연출할 수 있다. 그러므로 이러한 것들을 표현할 수 있는 헤어디자이너가 되도록 부단하게 노력하여야 한다.

그러므로 업스타일을 디자인할 때 얼굴형에 맞는 스타일을 하여야 하며, 업스타일에서 얼굴형은 외적조건에 해당된다.

(1) 계란형

계란형은 비교적 하관보다 이마가 조금 더 넓은 얼굴형이다. 우리나라 여성들이 선호하는 얼굴 골격은 귀에서 턱으로 흐르는 선이 갸름하고 부드럽게 이어지는 얼굴형이다. 볼과 턱이 부드러우며 살이 많이 찌지 않는 상태이며, 매력과 우아함의 하모니를 이룬 윤곽을 갖추었다고 할 수 있다. 성격은 비교적 느리면서 온화하고 부드러우며 매력적인 존재이길 원하며 논리적인 것을 좋아한다.

업스타일 디자인의 주된 선을 수평느낌으로 잡아 길이를 끊는 인상을 주어 얼굴을 작아 보이게 한다. 자칫하면 고풍적인 느낌을 주기 때문에 볼륨은 자연스럽게 연출하는 것이 좋다. 얼굴의 윤곽을 그대로 살려주는 헤어스타일이 적당하며, 어느 헤어스타일도 무난한 형이다.

(2) 둥근형

둥근형은 이마와 하관이 둥글고 얼굴의 가로와 세로의 비율이 거의 비슷한 얼굴형이다. 실제 나이보다 어려 보이는 경향이 있으며 얼굴 전체를 갸름하게 보이게 하는 것이 포인트이다. 구심적 시각효과가 있는 둥근 얼굴형의 헤어스타일은 볼륨이 외곽으로 확장되어 보이는 원심적 볼륨과 잘 어울린다. 단순한 볼륨만 주고 볼륨의 아웃라인을 정렬시키지 말고 모선에 변화를 주는 것이 둥근형을 보완하는 방법이 될 수 있다. 탑 부분에 풍성한 볼륨을 주고 옆머리는 차분하게 정리하여 턱 선을 타고 감싸듯 내려오는 스타일이 갸름하게 하는 효과가 있다.

가르마는 옆 가르마나 가운데 가르마가 잘 어울린다. 앞머리를 업 시켜서 양 옆으로 내려오는 큰 스윙의 뱅 스타일이 둥근 이마를 길어보이게 하는 착시현상을 준다. 앞쪽 방향으로 향하는 부드러운 곡선의 헤어라인은 곡선의 시각적 작용에 의하여 부드러운 인상을 주며 턱 선으로 향하는 머리끝의 곡선은 입과 딕 선을 아름답게 나타내는 효과가 있다.

톱 부분에 사선을 이용한 컬러의 명암착시 효과를 이용하여 모발웨이브에 변화를 주고 모발끝 질감처리를 강하게 하여 볼륨을 주는 방법도 효과적이다.

(3) 사각형

사각형은 이마와 하관이 각진 형으로 얼굴의 가로와 세로의 비율이 거의 비슷한 얼굴형이다.

평면적인 느낌을 주므로, 구심적 볼륨의 시각적 특성을 활용하여 둥그스름한 입체감을 표현해야 부드럽고 균형이 있는 아름다움을 나타낼 수 있다.

개성이 강하게 보이는 원심적 감각의 사각형 얼굴에는 둥근 느낌을 갖는 구심적인 볼륨이 필요하다. 이것은 적당한 안정감과 평면적으로 밝은 얼굴형의 인상으로 만들어 주므로, 부드러운 볼륨의 아웃라인을 강조하고 둥근 입체감을 낼 수 있도록 한다.

헤어스타일의 포인트는 사각형의 얼굴이 둥근 얼굴형에 비해 남성다운 느낌으로 보이는 경향이 있기 때문에 부드러운 곡선의 형태로 연출하여 귀엽거나, 섹시하며 여성스러운 느낌으로 개성 있게 연출하는 것이 좋다. 탑 부분에 풍성한 볼륨을 구성하고 한 쪽은 큰 스윙의 커브를 내려주면서 볼을 감싸듯 턱선 으로 가려주는 비대칭 스타일이 사각 진 느낌을 보완해준다.

가르마는 옆 가르마나 가운데 가르마가 잘 어울린다. 사선을 이용하여 시각적 효과를 유도하고 비대칭라인을 강조하여 앞머리를 들어 올린다. 관자놀이와 턱 쪽으로 머리를 당겨서 얼굴을 좁게 보이게 하고 얼굴에 부드러움을 주어 각진 형태를 완화시켜 준다.

⑷ 장방형

장방형은 이마와 하관이 각이 지거나 둥글면서 얼굴의 세로가 길어 전체적으로 가늘고 길게 느껴지는 얼굴형이다. 장방형의 얼굴형에 적합한 수평라인을 이용하여 업스타일을 연출하면 착시효과로 얼굴형을 보완할 수 있다. 톱 부분을 낮게 하고 모발을 볼에서부터 밖으로 끌어당기는 디자인으로 연출하는 것이 효과적이므로 웨이브 또는 롤을 이용한다. 이때 수평느낌을 굵게 해준다면 넓이감을 더해줄 수 있다.

가르마를 없애고 앞머리를 내리거나 옆 가르마가 잘 어울린다. 두정부에서 풍성한 볼륨을 피하면서 앞머리는 앞으로 내리거나 옆으로 내리는 뱅 스타일이 잘 어울리며, 양 옆머리는 귀 뒤로 넘겨서 연출하면 좁은 얼굴을 확장시키는 느낌을 준다. 관자놀이부터 볼륨을 구성한 후 스타일 하부에서 풍성한 무게감을 주거나 앞머리를 뱅 스타일 형태로 한쪽으로 내려주는데 큰 스윙으로 길게 처리하고 턱 선으로 휘어지는 비대칭 스타일 구성은 얼굴을 부드럽게 느끼게 하는 효과가 있다.

⑸ 삼각형

삼각형은 이마가 좁고 하관이 넓으면서 얼굴의 가로와 세로의 비율이 거의 비슷한 얼굴형이다. 헤어스타일의 포인트는 좁은 이마를 넓어 보이게 하고 턱 부분을 갸름하게 보이는 헤어스타일 연출이다.

가르마는 옆 가르마가 잘 어울리며 앞머리를 볼륨을 주어 뒤로 넘겨 좁은 이마가 확장되어 보이는 착시현상을 주거나, 아예 앞머리를 양옆으로 내려서 좁은 이마를 가려주는 스타일을 해야 한다. 턱 부분을 축소시키기 위해 관자놀이에 풍성한 볼륨의 스타일을 구성하여 머리흐름이 둥근 턱 선을 갸름하게 보이게 한다. 선의 요소 중 볼륨의 시각을 이용하여 풍성하고 높은 업스타일을 하며 낮은 업스타일은 어울리지 않으므로 피하는 것이 좋다.

(6) 역삼각형

역삼각형은 삼각형의 얼굴형과 반대로 이마가 넓고 하관이 좁은 얼굴의 가로와 세로의 비율이 거의 비슷한 얼굴형이다. 업스타일의 포인트는 전체 얼굴을 드러내는 헤어 업스타일은 피하고 턱 선의 아름다움을 살리면서도 단점 이미지를 커버하기 위해 다양한 머리 흐름과 웨이브로 부드럽고 귀여운 이미지의 헤어스타일을 연출하는 것이 좋다.

가르마는 앞가르마나 옆 가르마가 잘 어울리며 앞머리를 양쪽으로 갈라내려 넓은 이마를 가려준다. 이마가 넓고 깔끔한 얼굴형은 현대적 미인 타입이며 앞머리를 넘겨서 이마를 드러내면 총명하고 지적인 이미지를 주지만 개인차에 따라서는 냉정하게 보여 친근감을 주지 못하므로 부드러운 업스타일을 연출하는 것이 좋다.

질감은 부드럽고 가볍게 보이도록 해주고, 색채의 대비를 이용하여 턱이 드러날 수 있도록 해준다. 시각의 높이를 이용하여 톱 부분을 조금 높게 하고 이마는 큰 뱅으로 가까이에 붙여 청초한 이미지를 준다. S자형의 헤어라인은 그 자체가 리듬 있는 율동적 느낌을 가지고 있어 얼굴 표정에 곡선의 시각적 작용이 일어나 입체감을 나타내며 부드러운 움직임과 우아한 인상을 느끼게 하므로 활용한다.

(7) 마름모형

마름모형은 이마와 하관이 광대뼈 위치의 넓이 보다 좁은 얼굴형으로 다이아몬드 형이라고도 한다. 헤어스타일 연출의 포인트는 좁은 이마와 가는 턱 선을 부드럽게 보이게 하고 차갑게 보이는 이미지를 부드러운 곡선의 헤어스타일로 여성스럽고 자연스러운 분위기를 연출하는 것이 좋다.

가르마는 옆 가르마를 하는 것이 잘 어울리며, 활동적인 선과 면의 축소를 이용하여 모발의 질감을 가볍게 해준다. 턱 선과 이마에 풍부함을 만들어 줌과 동시에 사이드에서 모발을 머리에 바짝 붙여주는 것은 타원형 외모를 연출하는데 도움을 준다. 앞머리가 나있는 부분에서 약간 볼륨을 주면서 양쪽으로 내려주는 커브 스타일도 부드러운 인상을 준다. 사이드에서 풍성한 스타일은 어울리지 않으며 광대뼈 라인을 약간 가리면서 떨어지는 선을 이용한 업스타일은 얼굴 넓이를 축소시키는 효과가 있다. 이마 라인과 턱 선에서의 부드러운 움직임의 곡선 헤어는 전체 얼굴 윤곽을 부드럽게 해준다. 귀 뒤로 넘기거나 들어 올리는 스타일은 어울리지 않으므로 피하는 것이 좋다.

6. 업스타일 도구 및 사용법

모발의 질감이나 형태를 만들 때 여러 가지 도구가 필요하다. 도구는 최종의 스타일을 고려하여 목적에 맞는 것을 선택하여 능숙하게 사용해야 한다. 그리고 가장 최고의 도구는 자신의 손이므로 자유자재로 사용할 수 있도록 반복된 연습을 통한 숙련을 하여야 한다.

1) 빗과 브러시

(1) 꼬리빗(rattail comb)

꼬리빗은 꼬리, 몸체, 빗살로 구성되어 있다. 정확한 빗질은 작업시간을 단축해주며 모발의 방향성을 예시하는 중요한 요인이다. 업스타일 시 가장 많이 사용되는 꼬리빗은 모발을 정리하고 배분하여 파팅이나 블로킹을 나누고, 모속을 떠 올리거나 곱게 빗어 모다발 즉 스트랜드를 정리하며, 모발을 곤두서게 하는 백코밍을 하거나 모발 끝의 방향성을 만드는 등의 작업 등에 사용된다.

(2) 스타일링 빗(styling comb)

흔히 오발 빗이라고 하며, 컬의 형태를 잡거나 볼륨을 형성시킬 때 사용되며, 앞머리 부분을 스타일링할 때와 전체적인 모발의 흐름을 잡을 때 사용된다.

(3) 브러쉬(brush)

브러쉬는 손잡이, 몸체, 빗살로 구성되며 몸체와 빗살의 형태와 재질에 따라 사용목적과 명칭이 달라진다.

① 피니싱 브러쉬 (finishing brush) 일자형

표면을 빗거나 면을 정리하는 브러쉬로 면을 빗어 정리하며 광택을 효과적으로 표현 할 수 있다. 브러쉬의 털끝이 잘 모여져 있고 밀도가 균일해야 한다.

② 스타일링 브러쉬 (brush) S자형

S자로 구부러져 있는 곡면을 이용하여 헴라인 부분을 촘촘히 빗을 수 있으며, 모발 전체의 텐션을 균일하게 한다. 표면에 나타난 역모와 텐션이 균일하지 않는 곳을 전체적으로 처리할 수

쿠션브러쉬

덴멘브러쉬

업돈모브러쉬

밍크브러쉬

철 쿠션 브러쉬

스타일링브러쉬

가발브러쉬

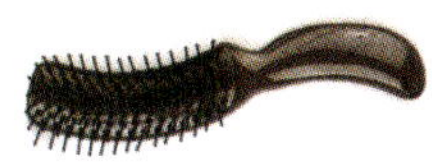
에스브러쉬

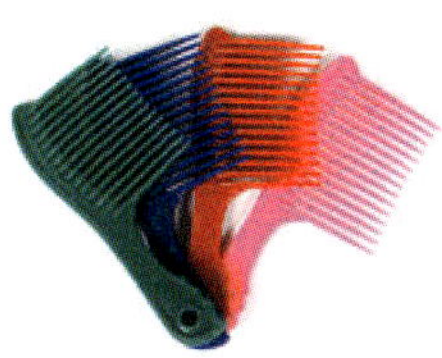
도끼빗

오발빗

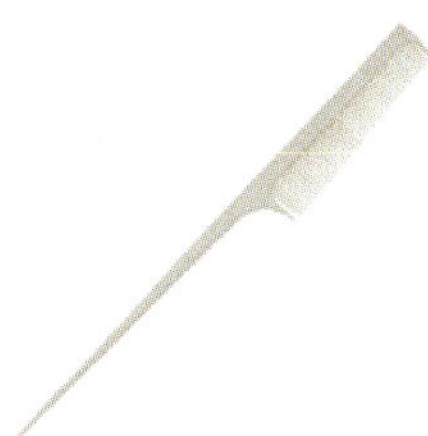
꼬리빗

분무기

있다. 브러쉬의 털이 잘 갖추어져 있으며 밀도가 균일해야 한다. 너무 촘촘하면 속까지 제대로 빗겨지지 않을 수 있다.

③ 쿠션 브러쉬 (cushion brush)

세팅 후 소량의 제품을 바른 후 전체적으로 컬과 모류를 정리할 때와 모발을 묶을 때, 컬다운, 웨이브 정리 시 사용된다. 두피와의 감촉이 부드러운 것이 좋으며, 쿠션 부분이 부드럽게 움직여야하며 손놀림이 좋고 너무 크지 않아야 한다.

2) 드라이기와 아이론

(1) 드라이기(dryer)

업스타일을 할 때 사전 세트나, 업스타일 중간에 모발을 원하는 모양으로 만들려고 할 때, 사후 스타일링을 마무리할 때 전열기구인 드라이기와 아이론이 필요하다.

드라이기는 드라이기 안의 팬 회전에 의해 생긴 바람이 니크롬선에 의해 데워지고 데워진 바람이 출구로 보내지게 된다. 따라서 필요에 따라 적절한 변환 스위치를 조작하면 열풍, 온풍, 냉풍으로 조절해 가며 사용할 수 있는 기구이다.

드라이기는 업스타일을 할 때 롤 브러시와 함께 많이 이용되며, 시술자가 장시간 들고 있어야하는 기구 중 하나이므로 무겁지 않으면서 이용이 편리한 것을 선택한다.

드라이기의 경우는 블로우 드라이를 할 때 사용 각도나 거리에 따라 약간의 차이는 있지만, 대개 90℃ 전후가 적합하다. 전기 세팅기의 경우는 130~140℃ 정도로 세팅 롤이 달궈지며, 와인딩 후 10분전후로 세팅 롤러의 몸체가 식으면서 웨이브가 고정되므로 풀면 된다. 세팅 아웃의 시간에 따른 차이는 크게 나타나지 않는다.

① 블로우 드라이

블로우 드라이란 모발에 열바람을 가해 모발의 건조 및 모발의 웨이브 등의 스타일을 완성시키는 헤어 스타일링을 위한 기본 테크닉이다.

모발이 물에 젖으면 팽윤되는 것은 모발내부의 측쇄 결합인 수소결합이 물에 의해서 절단되기 때문이다. 모발을 건조하면 그 형태대로 새로운 결합으로 고정된다. 이 원리를 이용하여 드라이의 열풍을 이용해 수분을 증발시키면서 원하는 형태를 손으로 모류의 방향과 볼륨감, 윤기를 최대한 표현할 수 있는 장점이 있고, 롤과 브러시 등을 이용하면 원하는 웨이브도 만들 수 있다.

블로우 드라이는 1960년대 중반부터 급격히 보급된 미용기술의 하나로서 프랑스에서 처음 사용되었다. 이후 영국에서는 비달사순에 의해서 커트 앤 블로우 드라이(cut & brow dry)라는 이름으로 젊은 여성들 사이에서 인기를 얻기 시작했다. 이러한 배경은 시대상황적 원인이 있는데, 여성들의 적극적인 사회참여로 인해서 많은 여성이 직업을 갖게 되면서 쉽고 빠른 머리손질과 간편하고 자연스러운 블로우 드라이를 원했다. 시간절약에 따른 경제적 이유가 가장 크게 작용했다고 할 수 있다.

우리나라에서는 1970년부터 알려졌으나, 아이론과 세팅이 블로우 드라이와 함께 사용되었고, 80년대 이후부터 블로우 드라이가 정착되기 시작하여 현재 널리 사용되고 있다. 현재는 미용기술과 각종 기구의 발전에 힘입어 플랫 아이론과 컬링아이론의 역할이 점차 확대되어가고 있다.

② 블로우 드라이 시술시 주의사항

블로우 드라이를 할 때는 몇가지 주의할 사항이 있다.

혼합모롤

가시롤

깡포킹

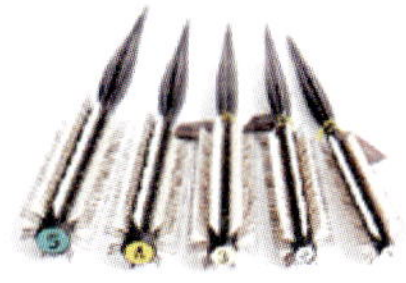
백돈모

핫컬링롤

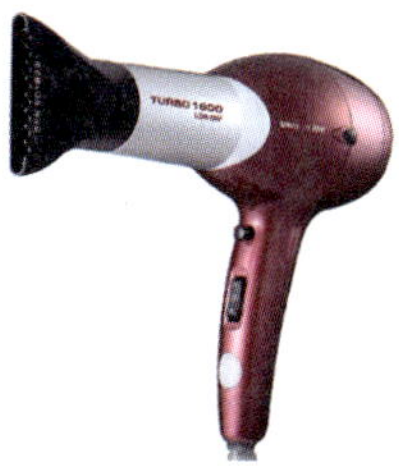
헤어드라이기

핀셋

핀컬핀

㉠ 블로우 드라이를 하기 전에 때나 모발에 먼지, 기름기, 각종 스타일링 제품이 발라져 있는 경우에는 샴푸 후 스타일링에 들어간다.

㉡ 드라이기의 열풍 방향은 필요한 부분에 정확하게 갈 수 있도록 노즐을 조정하며, 고객의 두피 쪽으로 열풍이 가지 않도록 주의하고 가급적 시술자를 향하도록 한다.

㉢ 모발에 습기가 너무 많거나, 완전 건조된 상태에서는 스타일링이 되지 않으므로 10-20% 정도의 적당한 수분이 있는 상태에서 시술한다. 수분이 10%이하가 되면 오버 드라이라고 해서 모발에 윤기가 없고 부스스하며 거칠어 보인다.

㉣ 장시간 열을 가할 경우에는 정전기가 일어나며 원하는 스타일이 되지 않으면서 모발이 윤기를 잃게 된다.

㉤ 동일한 C컬을 만든다고 하더라도 두상의 위치에 따라 어떤 방향으로 롤을 빼느냐에 따라 C컬이나 웨이브 흐름이 다르다.

㉥ 섹션의 양은 적당하게 조절하고, 패널은 모아 잡지 말고 고르게 펴서 잡는다.

㉦ 드라이 전에 모발 보호제를 발라 열에 의한 손상을 예방한다.

(2) 아이론(iron)

아이론은 1875년 프랑스의 마셀 그라또우(marcel gurateau)에 의해 창안되었다. 마샬 웨이브 또는 아이론 웨이브 등으로 불리며, 아이론으로 웨이브를 형성하는 것인데, 현재는 보다 안전하고 취급하기 쉬운 전기 아이론이 주로 사용되고 있다.

아이론에 의한 스타일링은 고열을 이용해 일시적으로 연출하고자 하는 헤어스타일의 이미지를 비교적 빠르게 만들 수 있으며, 최대한의 윤기와 탄력성 그리고 지속성 있는 헤어 스타일링을 표현할 수 있다.

아이론의 온도는 160℃이하로 해야 하며, 120~140℃정도가 적당하다. 온도가 너무 높으면 모발이 변성되고, 온도가 낮으면 컬 형성력이 떨어진다. 굵은 모발이 가는 모발보다 열에 잘 견디며 가늘거나 화학 처리된 모발은 열에 약하므로 온도의 설정에 유의한다. 아이론의 온도를 반드시 확인하고 아이론을 모발의 패널 한 곳에 장시간 사용하지 않는다. 시술시 텐션에 주의하며 아이론이 얼굴, 목, 두피 등에 닿지 않도록 각별하게 주의한다. 아이론은 열기구중 가장 뜨거운 열을 사용하는 기구이므로 리드미컬한 시술이 어려울 경우 기구가 모발에 닿는 시간을 줄이거나 온도를 약간 더 낮춘다.

헤어 아이론을 분류하면 화열식과 전열식이 있다. 최근에는 전열식 아이론을 사용하며, 전열식 아이론으로 컬링 아이론(curling iron)과 플랫 아이론(flat iron)이 있다.

컬링 아이론은 그 모양이 원형으로 마셀 아이론과 같은 구조이며, 전기를 꽂아 사용할 수 있도록 만들어져 있다. 재질은 스테인리스가 많아졌고, 프롱(로드)의 크기가 작게는 6 ㎜부터 크게는 38 ㎜까지 풍부하며 형태도 다양해졌다.

플랫 아이론은 열판의 모양이 평편한 형으로 전기를 꽂아 사용할 수 있도록 만들어져 있다. 재질은 세라믹 발열 판이 많아졌고, 발열 판의 크기가 대, 중, 소로 구분된다.

아이론을 선택할 때는 프롱(로드)와 그루브의 접촉면과 발열 판끼리의 접촉면이 부드러우며 요철이 없어야 하며, 발열상태, 절연상태가 정확해야 한다. 고온의 열기구이므로 고객과 시술자 모두 화상에 주의 하여야 한다. 과열된 아이론은 아무 곳에나 두어서는 안 된다.

아이론은 블로우 드라이로 만들 수 없는 웨이브의 크기나 섬세한 동작 또는 강한 웨이브를 원할 때 이용된다. 기구의 고열이 머리카락에 직접 전달되기 때문에 컬이 강하고 지속력이 있으며 세팅 효과도 오래 지속된다. 과도한 열로 모발의 손상을 가져올 수 있어 세심한 주의가 요망된다.

◈ 아이론의 명칭

① 프롱(prong)

둥근 모양의 로드부분으로 그루브와 함께 모발의 형태를 변화시킨다.

② 그루브(groove)

홈이 파여 있는 부분으로 프롱과의 사이에 모발을 끼워 형태를 만든다.

③ 핸들(handle)

손잡이를 의미하며 약지와 소지로 잡아서 아이론의 개폐를 도우며 프롱 핸들과 그루브 핸들

웨이브매직기

컬링아이롱

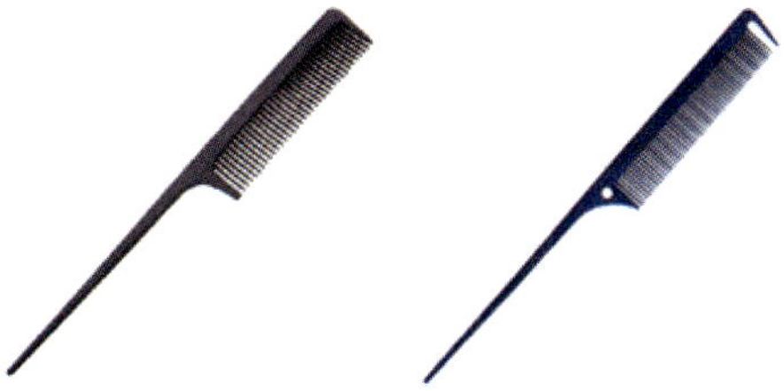

아이롱 꼬리빗

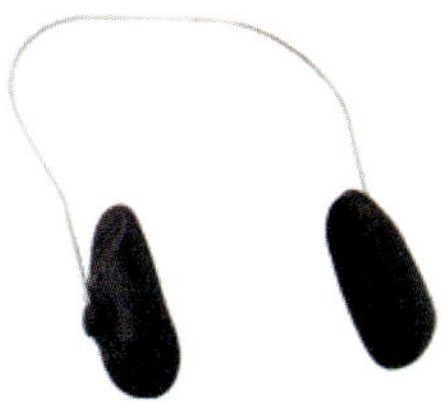

아이롱 귀마개

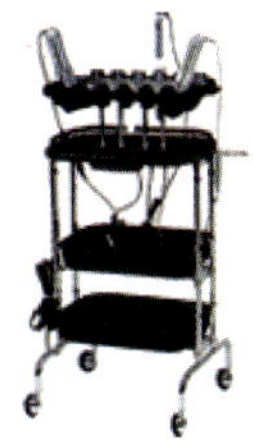

아이롱 세트대

이 있다.

(3) 시술섹션에 따른 웨이브의 구분

① 호리존털 웨이브(horizontal wave) - 웨이브의 크레스트와 리지가 수평으로 이루어진다.
② 다이애고널 웨이브(diagonal wave) - 웨이브의 크레스트와 리지가 사선으로 형성된다.
③ 버티컬 웨이브(vertical wave) - 웨이브의 크레스트와 리지가 수직으로 형성된다.

(4) 아이론의 온도와 열을 가하는 시간과의 웨이브 관련성

아이론의 온도와 웨이브의 강약은 비례한다. 모발이 동일한 조건하에서 시술하였을 경우 아이론의 온도가 높을수록 웨이브가 강해지며 그 크기는 작게 형성되어 탄력 또한 강해진다. 반대로 아이론의 온도가 낮아질수록 웨이브가 약해지며, 그 크기는 크게 형성되고 탄력 또한 약해지며 리지와 리지의 간격이 커진다. 아이론의 온도는 120~140℃를 사용하며 모질이나 손상도 또는 형성하고자 하는 웨이브의 강약의 정도에 따라 인위적으로 조절한다.

(5) 모발에 가하는 텐션 · 모량과 웨이브의 관련성

모발에 가하는 텐션과 웨이브의 형태는 관련성이 있다. 텐션을 많이 가할수록 모발의 움직임을 좀 더 인위적로 다양하게 변화 시킬 수 있으며, 텐션을 적게 가할수록 인위적인 모양 보다는 부드러운 컬로 표현된다. 모량과 웨이브의 강약은 반비례한다. 동일한 온도 조건하에 모량이 적을수록 웨이브가 강해지며, 그 크기는 작게 형성되고 탄력 또한 강해진다. 아이론은 열과 빗 등을 이용하여 스타일을 만드는 기술이며, 중요한 것은 텐션에 의해 탄력을 주며 모근의 방향과 볼륨감, 윤기 등을 원하는 형으로 표현할 수 있다.

3) 세팅

(1) 헤어 세팅

세팅은 업스타일과정에서 가장 먼저 진행되는 절차이며, 디자인에 따라 불필요한 경우도 있으나, 대부분은 디자인 과정상 필요한 부분이다. 디자인에 따른 적절한 세팅을 먼저 하게 되는데, 매끄러우면서 볼륨감 있는 컬을 자유자재로 이용하여 업스타일을 연출하기 위해서 필요하다.

“세트(set)”라고 하는 말은 근본적으로 “특정 위치나 상태로 두다, 고정시키다.”라는 의미를 갖고 있으나, 그밖에도 여러 가지 의미로 사용되고 있다. 미용용어로의 세트는 “두발형을 만들어 마무리하다.”라는 의미로 해석할 수 있다.

헤어 세팅에는 여러 가지 방법이 있으나, 크게 오리지널 세트(original set)와 리세트(reset) 2가지 과정으로 나눌 수 있다.

기초가 되는 최초의 세트를 오리지널 세트라고 한다. 오리지널 세트 기술의 기본적인 주요 요소로서는 ①헤어 파팅(hair parting), ②헤어 세이핑(hair shaping), ③헤어 컬링(hair curling), ④롤러 컬링(roller curling), ⑤헤어 웨이빙(hair waving)을 들 수 있다.

끝마무리할 때에 하는 세트를 다시 세트한다는 의미에서 리세트라고 한다. 이때 브러시를 사용하여 끝마무리하는 것을 브러시 아웃(brush out), 빗으로 끝마무리 하는 것을 콤 아웃(comb out)이라고 한다. 현재는 콤 아웃을 빗으로 끝마무리하는 경우에만 국한시켜서 사용하지 않고, 일반적으로 끝마무리하는 것을 가리킨다.

긴 머리를 아름다운 스타일로 연출하고 또 쉽게 업스타일을 하기 위해서는 세팅작업이 잘 이루어져야 한다. 세팅작업은 업스타일의 구성요소인 여러 가지 모양, 볼륨, 방향 등을 쉽게 작업하기 위한 기초 작업이기 때문에 디자인의 구상에 따라 롤의 굵기, 방향을 다르게 와인딩해야 한다. 세팅을 하는 목적은 웨이브를 만들어 모발을 자유롭게 다루기 위함과 모발 끝의 변화와 방향감, 움직임 등의 질감을 표현하고 볼륨을 만들어 주는 것이다.

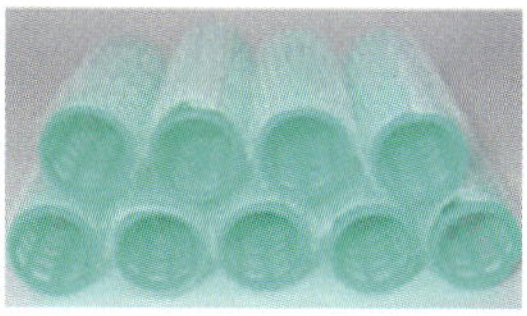

찍찍이 구르프

롤 롯드

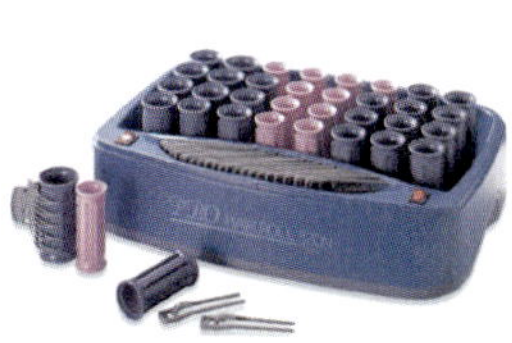

전기세팅롤

디자인에 따라 롤의 굵기, 섹션, 스템의 각도, 방향성을 고려하여야 하며, 앞머리는 디자인에 따라 와인딩 방법을 달리해야 한다. 세팅은 웨이브를 형성하여 모발 끝의 변화와 방향감, 움직임 등의 질감표현과 볼륨형성을 위하여 사용한다.

⑵ 세팅과 파팅라인

업스타일에 있어 헤어라인은 전체 헤어스타일의 표정을 나타내는 데 있어 중요한 요소가 된다. 헤어라인에서 핀 자국이 나거나 골이 지게 되면 업스타일 작업을 매우 어렵게 하며 결국 실패한 조형작업이 되어버릴 수 있다. 그러므로 와인딩 시 헤어라인의 파팅을 나누는 라인은 지그재그로 서로 겹쳐지게 파팅을 해야 하며, 와인딩 시 두피에 모발이 눌리지 않도록 부드럽게 핀을 고정하여야 한다.

열을 이용한 세팅의 경우는 모발에 수분이 없는 마른 상태여야 하며, 오리지널 세팅은 눅눅한 정도의 수분이 있는 상태가 좋으며, 수분 함량이 균일성을 가져야 한다.

⑶ 롤(roll) 을 이용한 올 세팅

오리지널 세팅의 롤을 이용하여 세팅을 하는 경우이다.

① 블로킹을 5등분 한다.
② 몸의 자세, 물 축이기, 빗질, 와인딩 방법 순서를 바르게 한다.
③ 롤 배치각도의 통일성을 갖는다.
④ 롤의 탄력성을 유지한다.
⑤ 롤의 전체조화를 이루어지게 한다.
⑥ 롤의 크기를 두부위에 따라 고르게 배열시킨다.
⑦ 모발을 롤에 말 때에는 모다발이 늘어지지 않도록 매끄럽게 말기 위해서 검지와 중지 사이에 모발을 끼고 당기듯이 하여 늘어지지 않도록 하면서 말아나간다.
⑧ 분무를 적당히 하는 것이 중요하다.

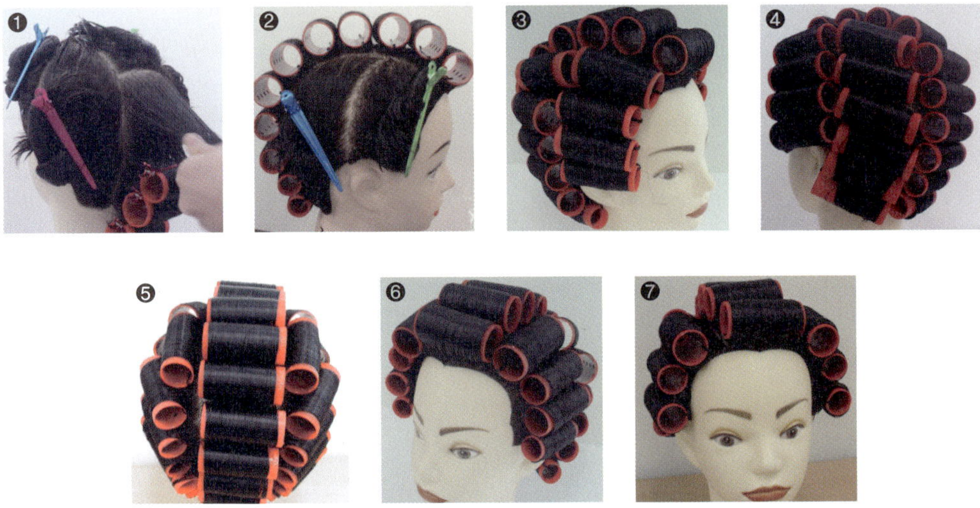

(4) 응용 세팅

⑸ 다단계 응용 세팅 – 인 컬, 아웃 컬

⑹ 세트 롤 및 핀컬

① 롤 배치각도 및 방향이 일정하고 통일성 가져야 한다.
② 머리카락이 흐트러지지 않게 롤의 탄력성을 유지한다.
③ 핀컬의 방향 및 배열: 롤 컬에 연결시킨다.
④ 핀컬의 배열 및 마는 방향 연결의 정확성과 자연스러운 배열 컬은 스컬프쳐 컬, 다운 스템으로 한다.
⑤ 컬의 폴(깊이)은 약 4.5 cm 유지하여 정확하게 숙련되게 한다.
⑥ 두부의 2/3는 롤 컬 1/3은 핀컬을 조화 있게 배열시킨다.

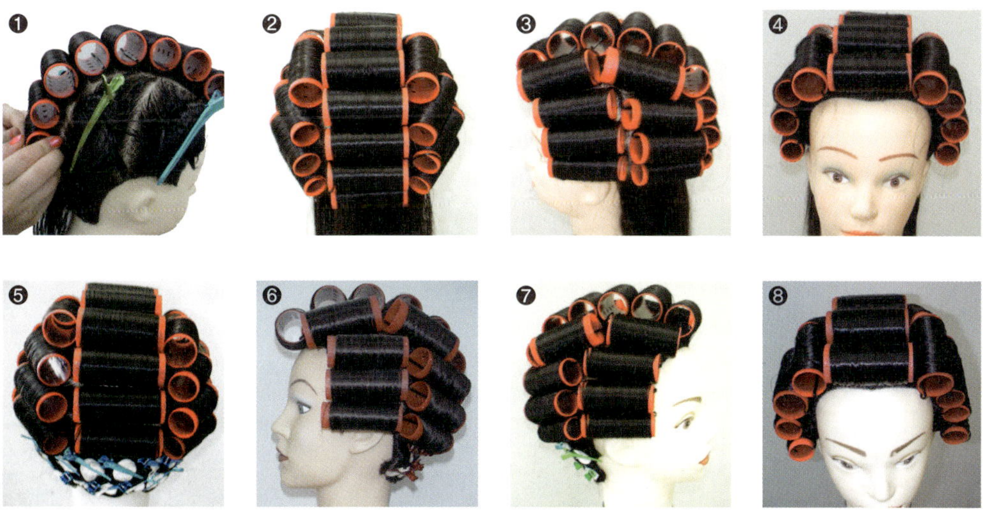

와인딩 시 머리가 나 있는 선에 핀 자국이나 벌어짐이 생기지 않도록 주의하며 롤을 고정하여야 한다. 일반적으로 작업을 쉽고 빠르게 하기 위하여 전기 세트 롤을 많이 사용하고 있으나, 세팅자체로 매끄러운 질감을 얻기는 힘들다. 그러므로 특별히 매끄러운 질감의 작품성을 필요로 하는 스타일을 연출할 때는 다소 불편하고 시간이 걸리더라도 오리지널 세팅을 하여야 매끄럽고 부드러운 스타일을 연출할 수 있다.

4) 밴드

고무줄은 스타일을 내거나 토대를 만들거나 모발을 묶을 때 사용하며 일반적으로 노란색의 고무줄을 사용하지만 경우에 따라서는 굵은 검정색 고무줄을 이용하기도 한다.

5) 핀(pin)

핀의 주된 역할은 모발과 모발의 고정, 모발과 모발 외 다른 보조물과의 고정이다.

크게는 토대의 고정에서 모발 한가닥 한가닥이 모여 이루어낸 면의 갈라짐과 선의 흐트러짐을 방지하는 것이다. 적절한 핀의 선정과 사용법을 숙지하기 위해서는 모발의 힘과 방향 그리고 전체적인 흐름, 두상의 움직임, 고객의 배려를 고려해야 한다. 이러한 점을 이해한다면 핀의 숫자가 훨씬 줄어들고 시간도 절약할 수 있어 스타일의 완성도를 높일 수 있게 된다. 핀은 눈에 띄지 않게 꽂아야 하며 금발인 경우 핀의 색을 고려하여야 한다.

핀은 사용 목적에 따라 여러 가지 형태가 있다. 핀의 역할은 스타일을 유지하는 데 있으며 다양한 형태에 따라 핀을 사용하는 기법과 핀을 신속하고 부드럽게 꽂을 수 있는 연습을 해야 한다. 특히 업스타일 작업을 하면서 핀을 많이 사용하는 것은 여러 측면에서 바람직하지 않으며, 핀을 적게 사용하기 위해서는 디자인을 확실하게 구상한 다음 시술을 시작해야 한다.

핀의 종류로는 대핀, 보비 핀, 스몰 핀, U핀, 핀컬 핀, 플랫 핀, 핀셋, 웨이브 클립 등이 있다.

(1) 대핀

대핀은 단단한 소재로 이루어져 많은 모량의 줄기를 단단하게 고정하고자 할 때 사용하는 핀으로서 핀이 큰 만큼 노출되는 단점이 있으므로 목적에 맞게 사용해야 한다.

(2) 보비 핀

보비 핀은 중핀, 실 핀이라고도 하며 가장 많이 사용된다. 두상에 여러 가지 모양이나 작은 줄기를 잡아주고 면이나 만들어진 형태를 고정시킬 때 사용한다. 스몰 핀은 길이가 짧고 가늘어 고정력이 약하기 때문에 주로 소량의 모발을 고정할 때, 짧은 모발, 작은 줄기 고정, 볼륨을 감소시킬 때, 가벼운 머릿결, 숱이 적은 모발에 사용한다.

(3) U핀

U핀은 대(大), 중(中), 소(小)로 나뉘며, U핀 대(大)는 많은 양의 모발이나 싱과 망을 고정할 때 또는 만들어진 형태를 임시로 지탱할 때 사용된다. U핀 중(中)은 모발이나 싱과 망을 고정할 때와 만들어진 형태를 고정할 때 사용한다. U핀 소(小)는 마무리 단계에서 만들어진 형태를 보이지 않게 고정시키거나, 빠져나오는 머릿결을 정리할 때, 컬이나 모발의 흐름을 잡거나 갈라짐을 보수할 때 사용한다. 그리고 임시로 고정한 U핀(大)을 빼내고 삐져나온 모발을 정리할 때도 사용한다. 이때 핀의 끝을 양쪽 또는 한쪽을 5 mm정도 접어 사용하여 고정력을 더한다.

(4) 핀컬 핀

핀컬 핀은 모양이나 웨이브 연출 후 모양이 흐트러지지 않게 하기 위해 일시적으로 고정하는데 사용하며, 플랫 핀은 완성단계에 있는 머리형을 완벽하게 고정시키는데 사용하는 핀으로서 모발의 표면에 자국이 남지 않는 것이 특징이다. 핀셋은 블로킹을 나눈 머리다발을 고정하기 위해 사용하며, 웨이브 클립은 컬을 연출하는데 있어서 S컬의 리지를 세우는데 사용한다.

6) 헤어피스와 장식품

헤어피스는 부족한 모발의 양을 보충하기 위하여 이용되며, 헤어스타일에 따라 모발의 색과 같은 색을 사용하거나, 장식으로 사용할 경우는 다른 색의 헤어피스를 이용하기도 한다. 헤어피스를 중요한 부분에 연결할 때는 뭉쳐 있거나 흐트러진 느낌이 없도록 자연스럽게 연결하는 요령이 필요하다.

헤어 장식품은 업스타일의 작품성을 돋보이고자 할 때, 완성도가 떨어지는 부분의 결점을 커버하고자 하는 부분에 이용하는데, 진주 구슬, 꽃, 큐빅, 천 등 다양한 소재들로 만들어 사용된다.

헤어 피스

헤어 장식품

7) 망과 싱

망은 모발의 양이 많거나 적을 때 모발을 처리하게 편리하도록 하기 위해 사용하며 모발의 길이에 따라 망을 씌워 길이나 넓이를 조정할 수 있다. 망을 씌운 것이 그대로 스타일이 되기도 한다. 긴 머리를 업스타일 할 때 망으로 감싸면 작업이 쉬워지고 견고하다. 망을 씌운 머리는 형태를 보정하기 쉬우며, 모량이 많아 핀 고정이 어렵거나 무게로 인해 쳐지기 쉬운 경우, 업스타일 기술에 숙련도가 보족한 경우 망을 이용하면 편리하다. 모발 색과 어울리는 가는 망을 사용하여야 하며, 망을 사용할 때는 머리 묶음의 위쪽에 망을 대고 망 고무줄 양쪽을 집어 팽팽히 잡아 감아서 머리 묶음 밑으로 넣는다. 머리 묶음을 위로 올리고 둘레를 망의 가장자리로 감싼 후 실 핀으로 단단하게 고정시킨다. 망을 사용하면 표면은 매끄럽게 보이지만, 자연스러운 질감표현은 어려우므로 업스타일에 따라 적절하게 선택하여 사용하여야 한다.

싱은 형태를 표현하기 위한 중요 수단으로 스타일을 입체적으로 만들기 어려울 때 이용되는 업스타일 보조용품이라고 할 수 있다. 모발의 숱이 적어 볼륨형성이 어려울 때나 백코밍만으로 스타일을 표현할 수 없을 때 이용한다. 또한 모량을 보충하여 필요한 부분에 볼륨을 만들거나 밸런스를 조절할 때, 두상 골격의 단점을 보완할 때 사용한다. 싱의 형태는 둥근형, 삼각형, V형 등 원하는 형을 만들어 사용하며, 다양한 윤곽을 만드는데 이용된다.

PART

02

업스타일의 기초 기술

1. 블로킹

블로킹은 모든 헤어 미용에서와 마찬가지로 수행하고자 하는 작업을 용이하게 하기 위한 과정이다. 그러므로 디자인에 따라 과정이 단순하거나 복잡할 수도 있다. 업스타일을 할 때 묶기, 블로킹(Blocking), 파팅(Parting)은 아주 중요하다. 시술자의 숙련된 기술과 동시에 리듬, 균형, 조화, 통일 등의 디자인 요소들이 알맞게 가미됨으로서 작품 창출이 가능하며 두부의 주요점을 먼저 알고 작품 구상대로 블로킹을 어떻게 나누느냐에 따라서 작품의 형태가 달라지기도 한다.

업스타일에서 블로킹은 시간적 제한이나 작품성에 영향을 받으며, 면의 정리와 작업의 정확도, 볼륨감 있는 디자인, 쉽고 신속한 디자인 연출을 위한 기초 작업이다. 그러므로 두상의 지점을 정확하게 파악하여 다양한 형태의 블로킹을 이해하고 나눔으로써 폭넓은 업스타일의 디자인을 완성할 수 있다.

1) 헤어 파팅(hair parting)

헤어 파팅이란 "두발을 가르다, 나누다."라는 의미이다. 헤어 파팅은 두상의 형태, 두발의 흐름, 헤어스타일, 얼굴형 및 자연적인 가르마에 의해 결정된다. 적절한 헤어 파팅은 얼굴형의 단점은 보완해주고 장점을 강조해준다.

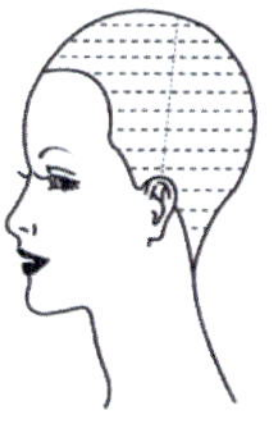

호리존탈 라인

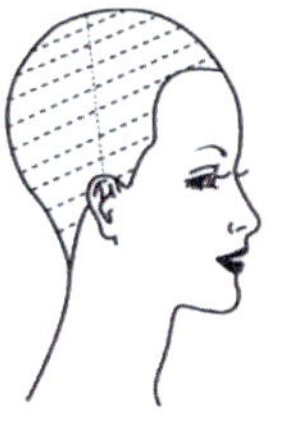

다이애거널 백 라인

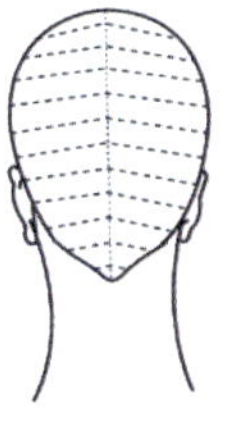

다이애거널 포워드 라인

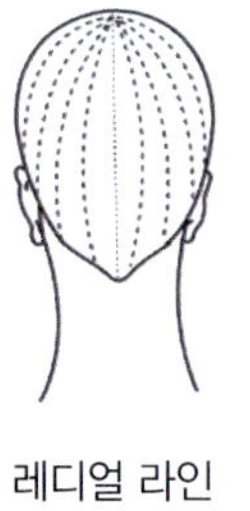

레디얼 라인

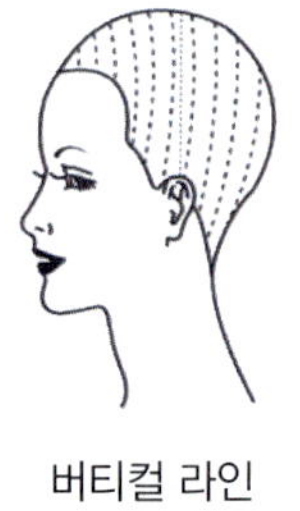

버티컬 라인

2) 두상의 지점

고객과 헤어디자이너가 원하는 업스타일을 신속하고 정확하게 시술하기 위해서는 두상의 지점에 대한 위치를 알아야 한다. 두상의 지점위치를 정확하게 파악하여야 업스타일을 하는데 필요한 여러 가지 사항들을 디자인에 빠르게 적용할 수 있다.

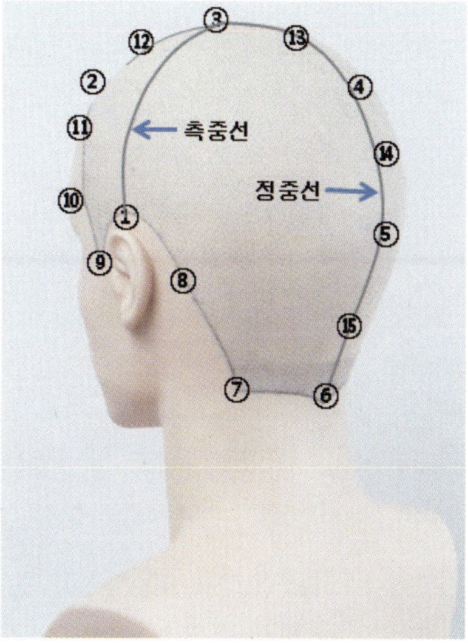

① 이어 포인트(ear point)
② 센터 포인트(center point)
③ 톱 포인트(top point)
④ 골덴 포인트(golden point)
⑤ 백 포인트(back point)
⑥ 네이프 포인트(nape point)
⑦ 네이프 사이드 포인트(nape side point)
⑧ 이어 백 포인트(ear back point)
⑨ 사이드 코너 포인트(side corner point)
⑩ 사이드 포인트(side point)
⑪ 프론트 사이드 포인트(front side point)
⑫ 센터 톱 미이엄 포인트(center top medium point)
⑬ 톱 골덴 미디엄 포인트(top golden medium point)
⑭ 골덴 백 미디엄 포인트(golden back medium point)
⑮ 백 네이프 미디엄 포인트(back nape medium point)

2. 백콤

백콤은 모발을 세운 후에 두피 쪽으로 밀어 서로 엉킨 공간을 인위적으로 만들어 스타일에 응용하는 것이다. 이것은 토대가 되어 볼륨을 형성하고 핀 꽂을 공간을 확보한다. 백콤이 된 모발은 볼륨, 방향성, 면의 연결, 움직임, 핀의 고정력 강화, 모발의 혼합, 끝부분을 가볍게 처리하고자 할 때 이용된다. 백콤은 한 다발로서 움직임을 같이하여 방향성과 움직임을 표현할 수 있으며, 머리다발이 자연스럽게 연결되어 펼쳐질 수 있게 한다. 업스타일을 할 때 백콤된 모발의 거칠음이 표면으로 드러나서는 안 된다.

1) 백콤 방법

백콤을 하기 위하여 모다발을 나누어 잡을 때 크기는 넓이 6~7 cm, 두께 2~3 cm 정도 떠서 한쪽 손으로 파지하고, 다른 한쪽 손으로 빗을 잡고 빗질을 180° 이내로 회전하면서 적당한 힘을 가하여 백콤을 한다. 이때 그림과 같이 두피 쪽에서 모선으로 갈수록 약하게 넣는데, 목적에 맞게 강약을 조절하며 헝클어지지 않도록 주의하며 작업을 하여야 한다.

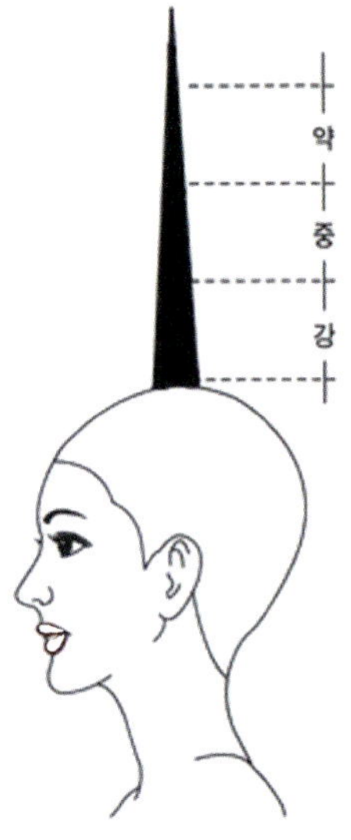

백콤 방법

2) 백콤의 분류

(1) 각도(angle) 개념적 백콤

백콤은 각도에 따라서 볼륨의 차이가 크게 달라진다. 보통 많은 볼륨을 원하는 경우 90-120° 이상, 적은 볼륨을 만들 때는 90° 이하로 모발각도를 만들어 빗어 볼륨을 조절한다. 스트랜드의 가로 넓이는 5~7 cm, 세로 폭은 2~3 cm로 해서 디자인에 따라 높고, 낮음의 각도 개념을 이해하면서 시술해 나간다.

(2) 방향(direction) 지시적 백콤

디자인에 따라 손에 잡힌 한 다발의 스트랜드를 보내고자 하는 위치가 어디인지를 먼저 예상

하고 그쪽 방향으로 향해 끌고 가면서 백콤 작업을 해나가야 한다. 그렇게 함으로써 업스타일이 매끄럽게 처리된 것을 질감으로 느낄 수 있는 것이다. 백콤 작업이 잘못되면 오히려 업스타일을 하는데 있어서 방해요인이 될 수 있다.

(3) 필요(need) 조건직 백곰

두상의 골격에 따라서나 모발조건에 따라 또는 작품의 디자인에 따라서 백콤은 필요한 부위에만 들어가는 것이 바람직하다. 먼저 디자인에 맞게 블로킹한 다음 백콤이 많이 들어가야 하는 부분과 약하게 들어 가야하는 부분, 반면에 백콤이 들어가서는 안되는 부분도 있기 때문에 디자인에 맞게 필요한 부분에만 백콤을 넣어줌으로써 깔끔하고 세련된 업스타일 연출이 가능한 것이다.

3. 토대

토대(Base)란 집을 받쳐주는 주춧돌이나 기둥과 같이 디자인의 베이스, 기초가 되는 것을 말하며, 업스타일 작업을 할 때 중심축 역할을 한다. 두상내의 한 지점에 삼각형 또는 원형의 영역을 나누어 내어 묶거나 비틀어 고정시켜 만든다. 그러므로 토대는 다양한 디자인의 구성상 여러 가지 조건인 얼굴의 형태, 모량, 모질 등을 고려하여 모양, 크기, 위치를 결정하여야 한다. 업스타일은 두상내의 임의 지점에 머리다발을 묶거나 비틀어 핀으로 고정하거나 싱을 얹어 모발 량을 조절하여 토대를 만들어서 시작하고 토대의 위치에서 마무리가 끝난다할 만큼 중요한 의미가 있다. 토대는 두상과 모량, 모질의 조건 그리고 디자인을 고려해서 넓이, 높이, 위치를 결정한다.

토대의 원리를 잘 활용하면 업스타일을 쉽게 할 수 있으며, 핀을 적게 사용하고도 견고하게 스타일을 유지할 수 있다.

토대의 종류는 백콤을 넣지 않고 모발을 묶어 토대로 사용하는 묶음토대, 짧은 모발에 주로 사용되며 모근부분에 강한 백콤이 필요한 백콤 토대, 핀을 두피에 고정하여 토대를 만드는 핀 토대가 있다. 그리고 토대를 만들어야 하는 위치에서 그 부분의 머리를 두 가닥, 혹은 세 가닥으로 꼬거나, 땋기를 하여 만든 회전 토대가 있다.

4. 묶기

머리를 묶는 방법을 이용한 대표적인 헤어스타일은 포니테일이며, 토대를 만들기 위하여 묶는 경우도 있다. 밴드를 이용한 머리 묶는 기법은 업스타일이나 긴 머리 스타일을 연출할 때 많이 사용하는 기법으로 미용실에서나 집에서 많이 사용하기 때문에 쉽게 생각하지만 작품성, 균형감, 매끄러운 질감, 다양한 각도의 묶는 위치를 고려하면서 빗의 터치, 모량 및 볼륨 조절능력, 스타일링 제품사용법 등 세밀한 훈련이 필요하다.

묶는 방법은 모량이 적고 힘을 적게 받는 묶음에는 고무줄 두 개를 이어서 사용하고, 모양이 많고 힘이 많은 묶음에는 약 20 cm 정도의 고무줄 끈을 이용하여 묶는다. 한쪽 손으로 머리 다발을 잡은 채 엄지와 검지로 고무줄이나 고무줄 끈의 끝을 잡은 다음 다른 손으로 팽팽하게 고무줄을 돌려 감은 다음 U핀이나 실 핀으로 고정시킨다. 고무줄이 보이지 않게 모발을 조금 떠서 포니테일을 감아 실 핀으로 고정한다.

5. 헤어 패딩(hair padding) 만들기

헤어 패딩은 모량을 보충하여 부족한 높이와 넓이를 입체적으로 표현하기 위해 백콤과 함께 디자인에 맞는 보조머리를 이용하는 것이다. 토대형태를 보완하기 위한 헤어 패딩은 모다발을 이용한 헤어피스와 모발을 뭉쳐놓은 싱, 모발을 땋거나 꼬아 놓은 부분 피스들이 있는데 업스타일 디자인의 입체적인 실루엣과 강조점을 표현하는데 효과적이다.

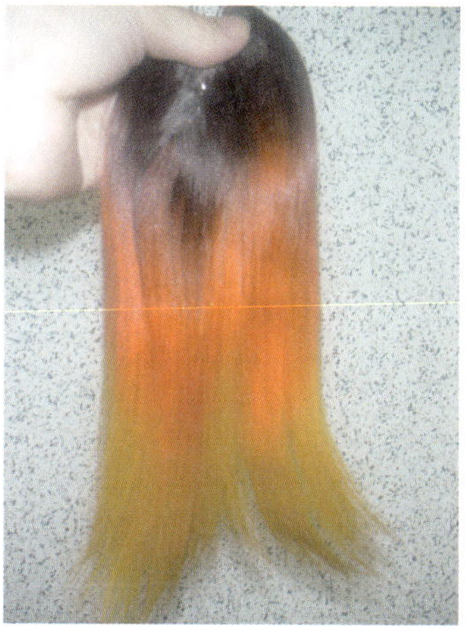

6. 프론트 디자인 (front design)

프론트 디자인은 고객이 업스타일을 보고 만족감을 얻는 첫 번째 관문이며, 얼굴형의 보완에 영향력이 크므로 디자인을 결정하는데 각별한 주의가 필요하다. 세트 과정에서 프론트 흐름을 만들기 위한 와인딩 방향이 중요하다. 헤어 세팅에서 볼륨을 얼마나 줄 것 인가에 따라 빗질의 각도가 달라지고, 얼굴형에 맞는 프론트 디자인을 고려하여 롤의 크기를 선정한다.

프론트 디자인을 블로우 드라이나 아이론을 이용하여 할 때는 업스타일 과정 단계에서 마지막에 시술하게 된다. 모발흐름에 대한 성질을 이해하고 마무리세트 하여야 하며, 프론트를 포니테일 디자인으로 할 경우에는 얼굴형을 고려하여 정한다.

7. 땋기(braid)

땋기는 세 가닥이나 그 이상의 머리가닥을 교차하거나 엮는 것으로 구성되어진다. 사용되는 머리가닥과 숫자에 근거하여 분류되고, 크기는 가닥의 크기와 섹션의 나누기 패턴은 다양하나 기본 땋기 기법은 같다.

땋기는 다양한 디자인 연출을 위하여 천체축의 어느 선을 따라서든지 놓여 질 수 있다. 두상의 모양에 밀착된 땋기를 하기 위해서는 머리를 똑바로 든 상태에서 땋기를 시작하고 땋은 모양이 들리지 않도록 손가락을 두상에 밀착시켜 시술한다. 업스타일에서 땋기는 발랄하거나 어려보이는 효과를 낸다.

땋기를 활용한 스타일

8. 꼬기(twist)

꼬기는 밧줄 같은 모양을 나타내기 위해 한 가닥, 두 가닥 혹은 세 가닥의 머리가 말려있거나 회전한 것이다. 머리가닥의 크기와 이에 적용되는 텐션은 꼬기의 모양을 결정한다. 크기와 텐션은 큰 것에서 작은 것으로, 느슨한 것에서 타이트한 것으로 변할 수 있다.

꼬기를 활용한 스타일

9. 매듭(knot)과 겹치기(overlap)

매듭은 머리가닥 하나 혹은 여러 개를 함께 엮거나 묶어주는 것으로 구성되어 있다. 동일한 방향으로 만들어진 매듭은 시선을 가운데로 이끌고 균형이 잘 잡힌 모양을 만들어 준다. 위치나 방향에 따라 여러 형태로 연출이 가능하다.

겹치기는 두 개의 머리가닥을 서로 반대쪽 가닥 위로 겹쳐서 십자 겹침 효과를 얻는 것이다. 가닥의 크기나 섹션의 크기는 완성된 결과의 십자형 패턴에 큰 영향을 미친다.

매듭과 겹치기를 활용한 스타일

10. 고리(loop) 만들기

고리는 머리가닥을 접거나 구부리거나 동그랗게 하여 곡선 모양으로 고정하는 것이다. 스트랜드를 곱게 펴서 그 자체 내에서 말려지거나 감는 기법이다. 머리가닥을 말기 전의 손가락의 위치는 고리의 고정위치와 크기를 결정하고, 디자인에 있어서 고리의 숫자가 증가할수록 패턴은 더 복잡해진다. 고리는 어디에서든 놓여 질 수 있고, 다른 고리의 옆이나 위에 놓여 있으면 형태를 확장하고 더 많은 볼륨을 만든다. 또 고리는 여러 모양으로 변형시킬 수 있으며 볼륨과 모양에 질감을 주기 위하여 모양의 안쪽에 백코밍을 할 수도 있다.

고리는 원통상(圓筒狀)의 롤러를 사용해서 만든 컬로서, 자연스럽고 부드러운 웨이브를 형성하는 동시에 볼륨을 살려준다. 사용되는 롤러는 크기와 길이에 따라 그 종류가 매우 다양하다. 롤러 롤은 퍼머넌트 웨이브 후에 자연스럽고 부드러운 컬을 만들 때에도 이용되며, 세팅 롤은 롤 스트레이트 펌에서 짧은 모발에 볼륨을 주거나, 웨이브가 없는 모발에 업스타일을 하려는 경우에도 이용된다.

고리를 활용한 스타일

11. 헤어 웨이빙(hair waving)

헤어 스타일링에서는 물결상을 이루는 두발의 부분을 웨이브라고 하며, 컬 웨이브(curl wave), 핑거 웨이브(fingcr wave), 이이론 웨이브(iron wave)등이 있다.

파상형으로 되어 있는 S자 웨이브를 만들기 위해서는 사전에 세트가 되어 있어야 하며, S자의 곡선 모양으로 핀컬 작업을 해가면서 스프레이로 고정시켜 만들어 가야 한다.

웨이브를 활용한 스타일

PART

03

업스타일 디자인

up style design

1. 땋기 스타일(brade style)

땋기는 업스타일 디자인을 더욱더 다양하게 이끌어갈 수 있는 방법 중 하나로 심플하면서도 시술자의 창의력을 충분히 발휘할 수 있다. 땋기는 세가닥 기본 땋기에서 여러 가닥 땋기까지 다양하게 응용할 수 있으며 면의 단조로움을 커버할 수 있고 반복 디자인 형태를 보여주는 여성스럽고 로맨틱한 업스타일 디자인으로 다양하게 응용할 수 있다.

1) 세 가닥 기본땋기

모발 등분을 왼쪽부터 ①, ②, ③번 순서로 한다.

①	②	③

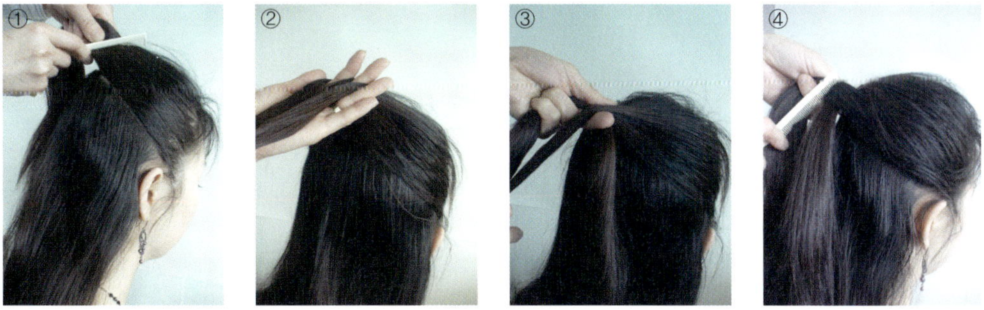

① 라운드 섹션을 정한다.

② 모발을 균등하게 세 갈래로 나눈다.

③④ 가운데 가닥을 기준으로 좌우 머리가 규칙적으로 위로 올라간다.

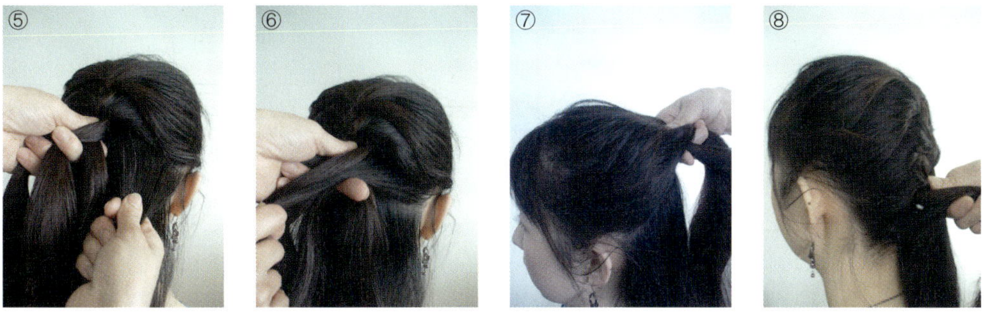

⑤⑥ 동작을 반복하여 진행한다. 땋기 가닥이 좌측 엄지와 검지에 있는 모발에 우측 모발을 더해준다.

⑦⑧ 우측 엄지와 검지에 있는 모발에 좌측모발을 더해준다.

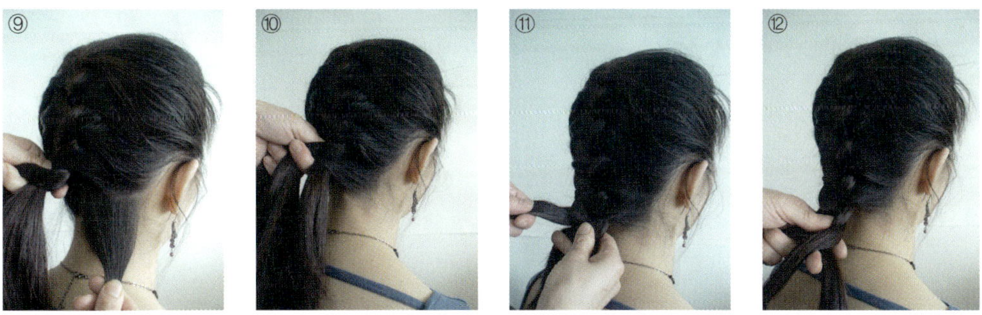

⑨~⑫ 가져오는 모발의 양을 일정하게 같은 방법으로 땋는다.

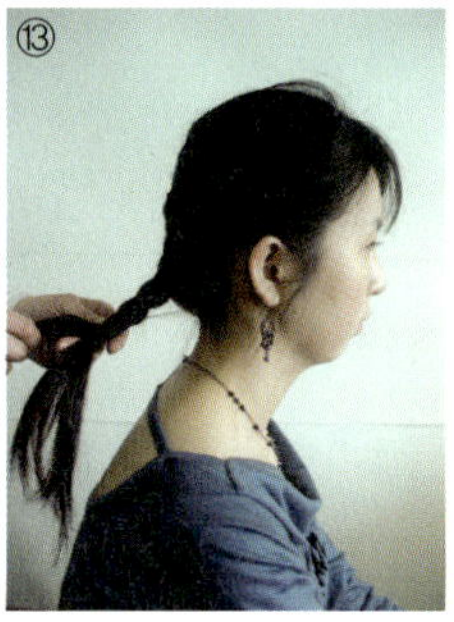

⑬ 동일한 방법으로 땋기를 하면서 네이프 부분에서는 두상에 밀착시켜 모발이 들뜨지 않도록 주의한다.

⑭ 땋기를 마무리하여 장식을 더해 완성한다.

나의작품 뽐내기

나의작품 뽐내기

2) 세 가닥 한쪽 위 땋기

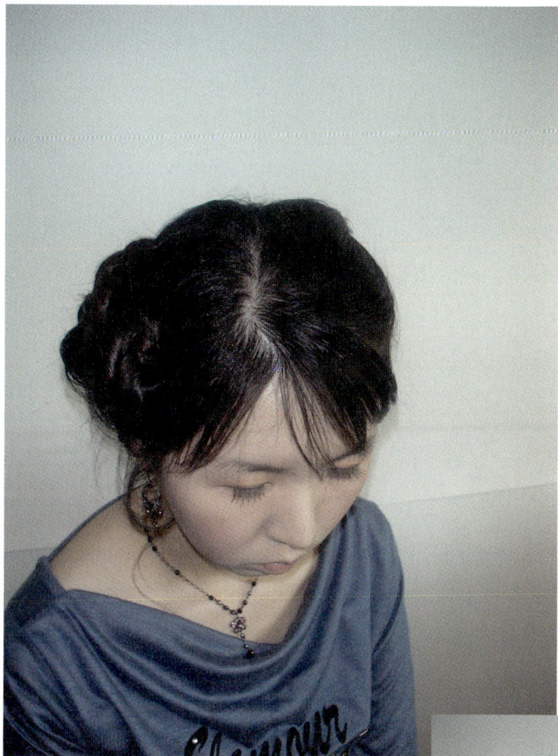

센터 파트를 나누어 왼쪽 사이드에 섹션을 나눈다. 모발 등분을 왼쪽부터 ①,②,③번 순서로 한다.

①	②	③

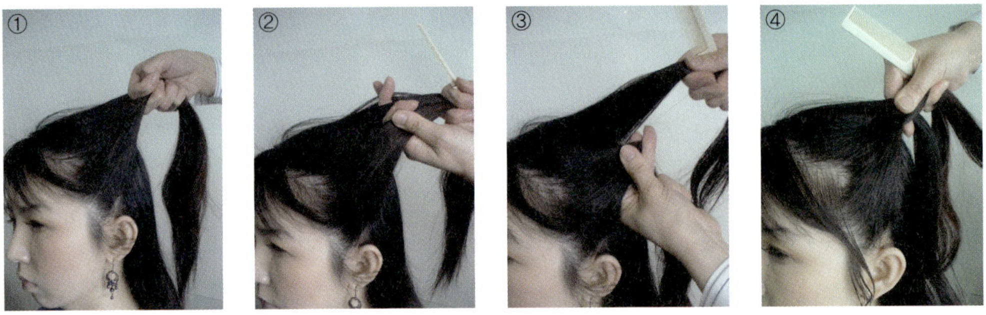

① 라운드 섹션을 정한다.

② 모발을 균등하게 세 갈레로 나눈다.

③④ 가운데 가닥을 기준으로 좌측 머리가 규칙적으로 위로 올라간다.

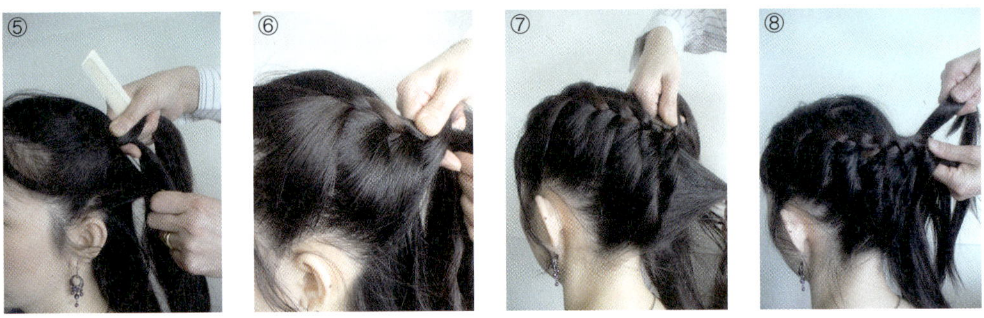

⑤ 두상의 사이드를 돌아가면서 파팅의 분배에 주의한다.

⑥~⑧ 두상곡면을 따라 네이프방향 모발을 동일한 모발 슬라이스로 작업해 나간다.

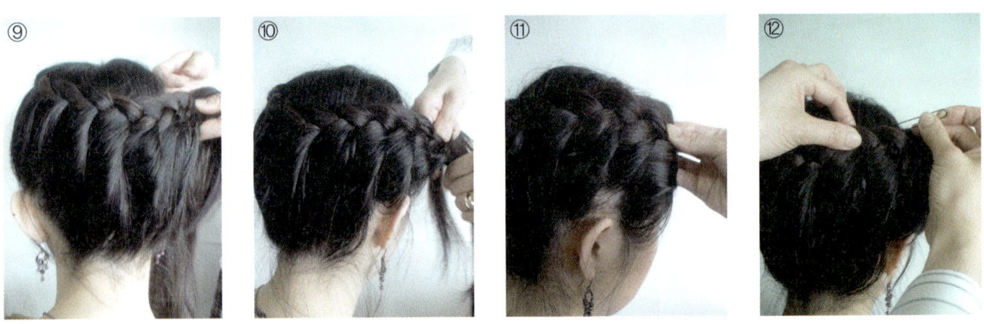

⑨~⑫ 네이프에서 슬라이스한 모발의 양은 일정해야 하며 땋은 모발이 늘어지지 않게 적당한

텐션을 가하며 진행한다.

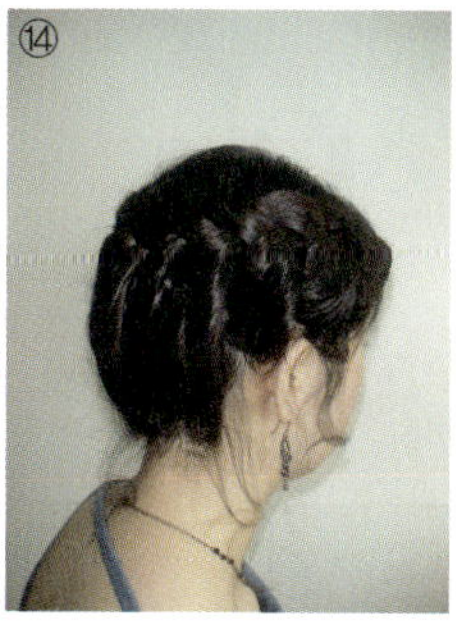
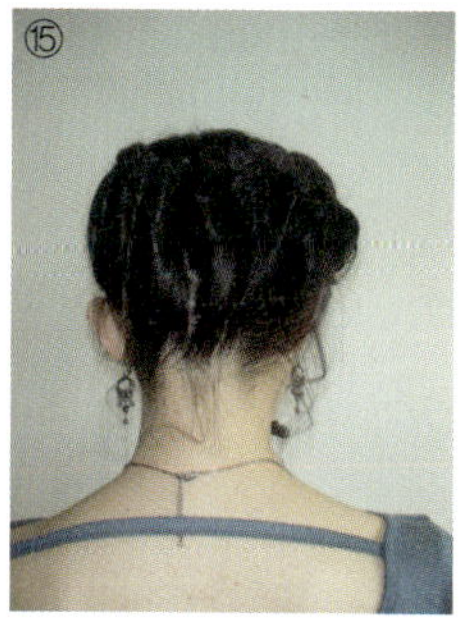
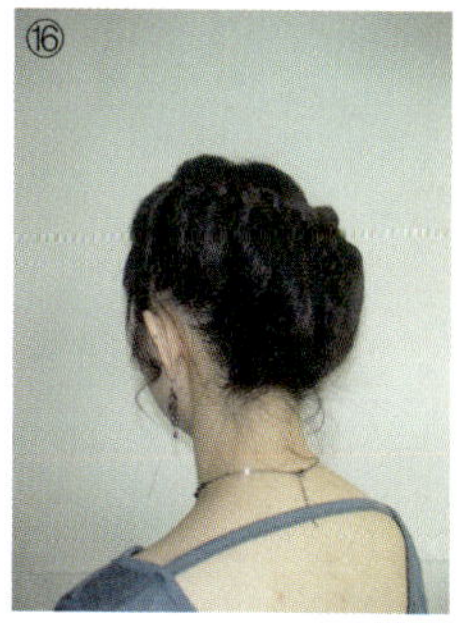

⑬ U핀으로 땋은 모발을 정리한다.

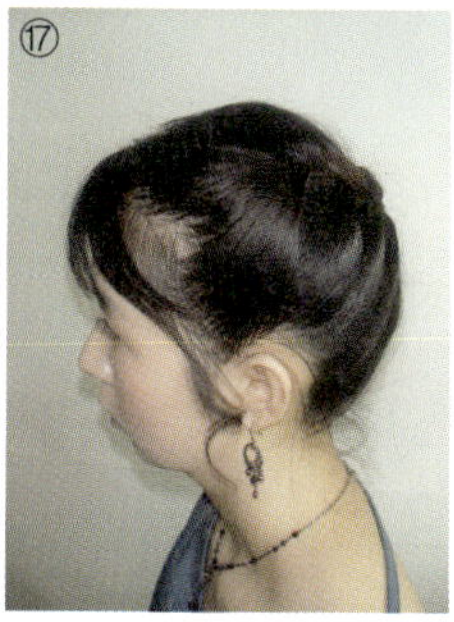
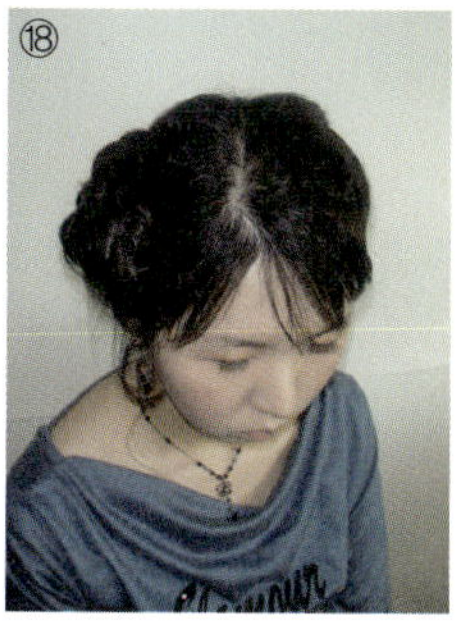

⑭~⑮ 완성된 좌. 우. 앞. 뒤의 완성된 모습.

나의작품 뽐내기

나의작품 뽐내기

3) 네 가닥 땋기

땋기 디자인에서 세 가닥 이상을 땋을 경우에는 머리가닥이 다른 가닥의 위와 아래로 반복하여 겹쳐져서 멍석을 짤 때와 같은 작업과정이 이루어진다.

모발 등분을 왼쪽부터 ①, ②, ③, ④번 순서로 한다.

①	②	③	④

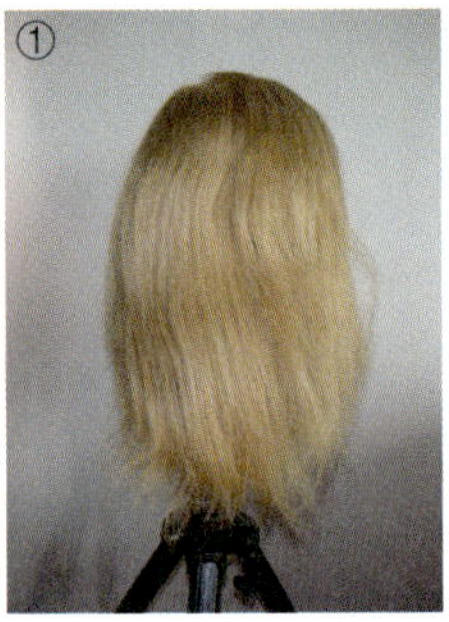

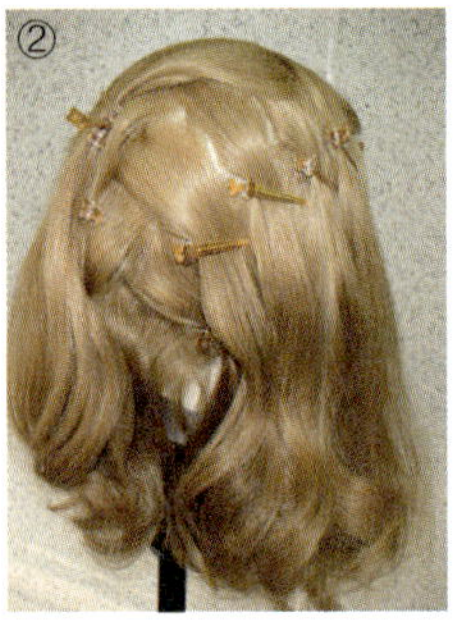

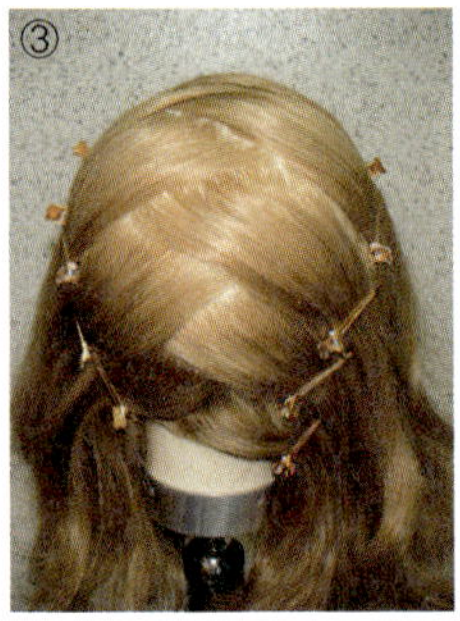

① Before

②③ 두상의 중앙부위를 지그재그로 세로가르마해서 등분을 나눈다.

④ 오른쪽④번 가닥 모발을 아래에서 ②번 가닥 위로 올라와 ③번 가닥으로 내려가 땋는다. 왼쪽으로 파팅을 나누어 아래에서 ①번과 겹쳐 ③가닥위로 땋는다.

⑤⑥ 모발 끝을 고무줄로 묶거나 백콤 처리하여 마무리한다.

⑦⑧ 말아 올린 모발을 네이프로 밀어 넣어 U핀으로 고정한다. 집어 땋기 스타일은 짧은 모발, 층이 많은 모발, 잔 모발이 많은 고객에게 짤끔하게 처리하여 시술할 수 있는 장점이 있다.

나의작품 뽐내기

나의작품 뽐내기

4) 응용 모자형태 땋기

세 개나 그이상의 모발가닥을 함께 교차하거나 엮어서 디자인 한다.
프린지의 완성된 터들 기법과 엮는 기법의 조화이다.

① 전두부와 후두부에 포니테일을 만든다.
② 전두부를 삼등분하여 원통상의 롤뱅을 만든다.
③④ 두 번째 등분은 루프를 만들어 디자인 한다.

⑤  ⑥  ⑦  ⑧ 

⑤⑥ 루프를 핀으로 고정한 후 세 번째 등분은 기본 세가닥 땋기로 시작하여 멍석짜기로 작업한다.

⑦⑧ 왼쪽에서 오른쪽으로 한 가닥씩 더해가며 땋아 오른쪽방향으로 돌려 디자인한 후 핀으로 고정한다.

⑨  ⑩  ⑪ 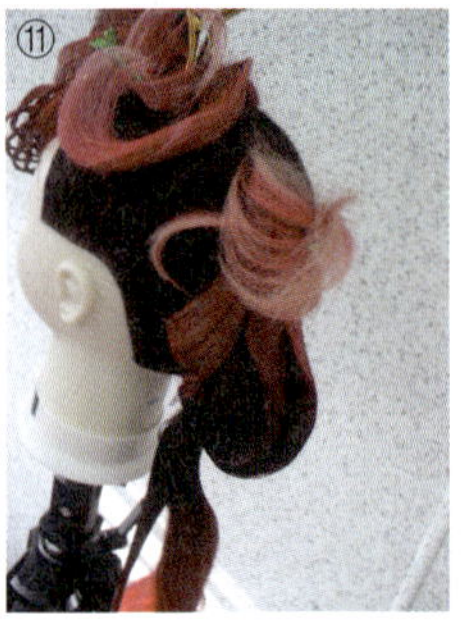 ⑫ 

⑨ 창의 모양을 만들어 헤어스프레이를 이용하여 고정하여 디자인한다.

⑩~⑫ 네이프도 삼등분하여 컬의 흐름에 따라 디자인한 후 멍석 짜기로 마무리하여 고정한다.

⑬  ⑭ 

⑬⑭ 완성된 모습

나의작품 뽐내기

나의작품 뽐내기

5) 2단 땋기와 디자인

사이드 가르마를 타고 두정부 머리는 토대 위에 고정시키고 앞머리는 얼굴선을 가릴 수 있도록 땋은 모발을 곡선을 만들면서 이단으로 겹치면서 고정시켜 전체적인 분위기를 가볍고 자연스럽게 개성 있는 연출로 표현 해준다.

① 
② 
③ 
④ 

① Before

② G.P에 중앙에서 핀 토대를 만들어준다.

③ 이어라인은 두등분하여 프리지 모발은 1cm간격으로 슬라이스 하여 땋기로 엮어 디자인한다.

④ 두 번째 등분도 같은 방법으로 cm간격으로 슬라이스 하여 엮어나간다.

⑤ 
⑥ 
⑦ 
⑧ 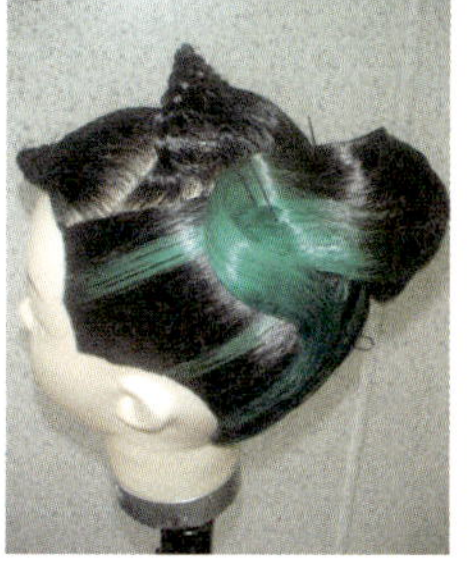

⑤⑥ E.P에서 모발끝 부분은 매끈하게 다듬어서 E.P에 고정시켜 롤뱅으로 디자인한다.

⑦⑧ G.P포니테일 모발은 수평웨이브 S컬로 조화 있게 구도를 맞추어 디자인한다.

⑨⑩ 여러 가닥 엮어가며 땋아가는 기법과 S컬의 조화가 고전미와 현대적 감각을 통해 여성 스러우면서 우아한 헤어 디자인이다.

⑪⑫ 구슬장식으로 화려함을 더했다.

나의작품 뽐내기

나의작품 뽐내기

6) 개성을 표현한 땋기 스타일

땋기(Braid) 기법은 모발 가닥을 세 가닥, 네 가닥, 다섯 가닥, 그 이상의 가닥을 함께 교차하거나 엮는 것을 말한다. 땋기 기법은 업스타일에서 다양하게 이미지를 표현할 수 있으며 입체감과 개성을 표현하여 현대적인 감각과 고전의 이미지를 표현할 수 있는 디자인으로 창의력을 무한정으로 표현할 수 있는 기법이다.

① 인테리어등분을 나누어준다.

②③④ 프린지를 1cm슬라이스 하여 왼쪽사이드에서 세 가닥으로 시작하여 엮어나간다.

⑤ 프린지 짜기가 마무리된 모발을 임시 고정해 놓는다.

⑥⑦⑧ 두정부 모발은 세로 슬라이스 하여 후두부 중앙에 마무리한다.

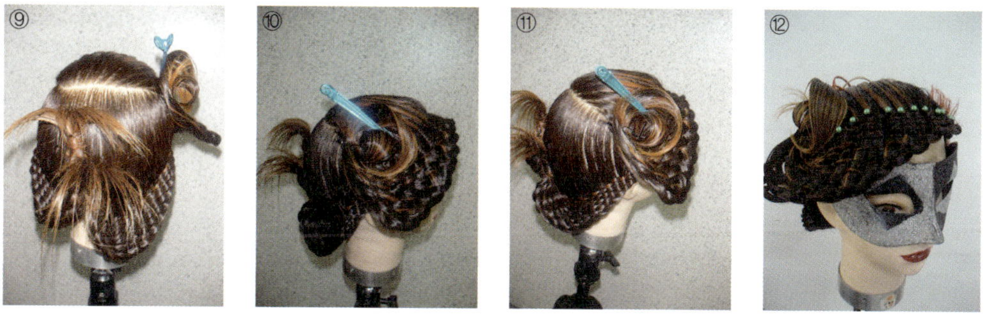

⑨ 후두부 땋은 모발끝 처리는 분수모양으로 가볍게 디자인한다.

⑩⑪ 전두부 땋은 모발은 사이드에서 루프디자인하여 고정한다.

⑫ 무대디자인으로 개성을 표현하기 위해 가면과 구슬악세사리로 마무리하였다.

나의작품 뽐내기

나의작품 뽐내기

7) 어여머리형태 땋기

땋기의 형태는 모발가닥 수에 따라 또한 루프 고리 숫자의 증가에 따라 형태의 확장이나 볼륨감을 조절하여 표현할 수 있다.

① Before
② 가이드라인 5~7cm를 남겨놓고 E.P에 포니테일을 만든다.
③ 오른쪽 사이드에서 세 가닥 땋기를 시작하여 1cm슬라이스 하여 왼쪽방향으로 작업해 나간다. 동일한 양으로 모발을 슬라이스 해야 형태가 고르게 디자인할 수 있다.
④ 땋은 어여머리 형태의 모발을 하나로 고무줄로 묶어 오른쪽 N.S.P에 고정한다.

⑤ 하나의 등분으로 원통상의 롤링으로 고정한다.
⑥ 면을 정리하여 컬이 갈 방향으로 루프기법을 사용하여 디자인한다.
⑦⑧ 루프 면의 크기를 디자인에 맞추어 조정하여 완성한다.

⑨ 사이드의 얼굴선을 고려하여 모발 가닥을 접거나 곡선모양으로 고정시켜 만드는 루프모양의 변형에 의해 다양한 디자인을 유도할 수 있다.

⑩ C.P에서 루프의 형태로 디자인하여 표현한다.

⑪ T.P에 피스를 대핀 으로 단단히 고정한다.

⑫ 롤뱅으로 표현하여 모발 끝은 가볍게 펴서 디자인한다.

⑬⑭ 롤뱅으로 디자인하여 모발 끝은 헤어스프레이를 사용하여 가볍게 새털처럼 표현하여 세워준다.

⑮⑯ 광택 스프레이로 마무리하여 면을 깨끗하게 정리한다.

⑰~⑳ 구도에 맞게 악세사리를 사용하여 작품성을 돋보이게 디자인한다.

나의작품 뽐내기

나의작품 뽐내기

2. 매듭 · 겹치기 · 꼬기스타일

1) 매듭 스타일

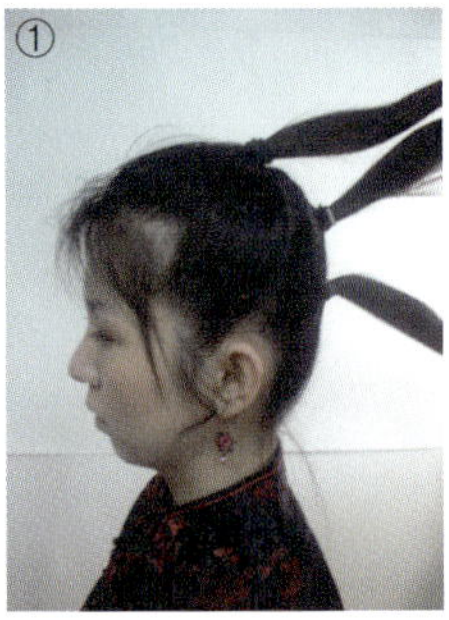

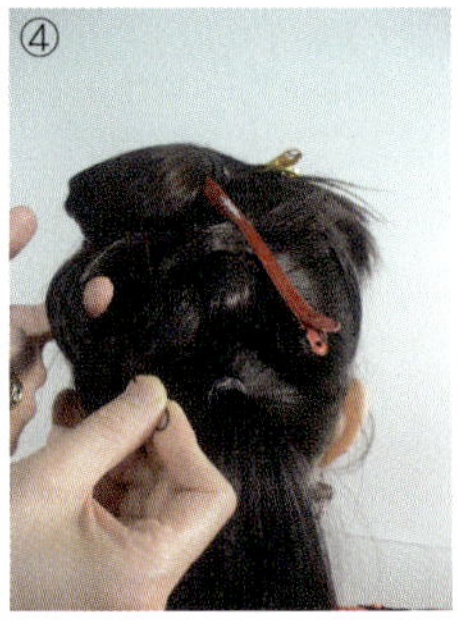

① 두상을 삼등분으로 나눈다.

②~④ 위에서부터 매듭모양으로 디자인하며 핀으로 고정하여 마무리 한다.

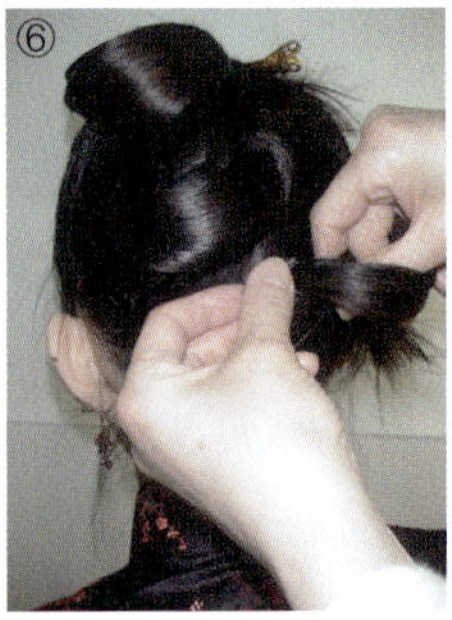

⑤~⑧ 매듭을 만든 후 핀셋으로 임시고정 후 헤어스프레이를 사용하여 조화 있게 헤어핀으로 고정한다.

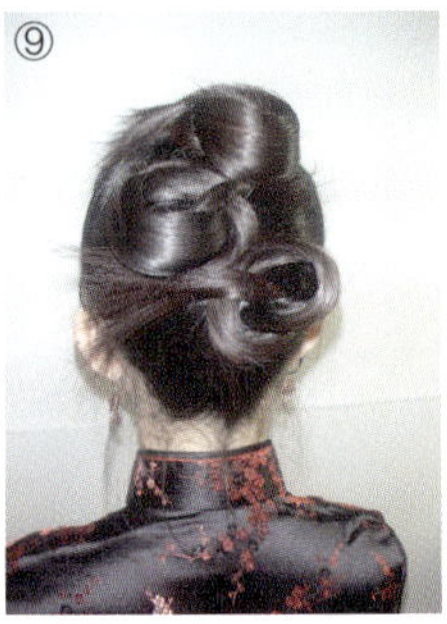

⑨⑩ 완성된 모습

나의작품 뽐내기

나의작품 뽐내기

2) 세 가닥 한쪽 위 땋기

(1) 목덜미에서 겹치기 스타일

옆 가리마를 타고 두정 부는 볼륨을 많이 주고 앞머리는 비스듬히 내려 빗어 얼굴 옆선을 가려주고 목덜미로 모아준다. 목덜미에서는 세 가닥 땋기로 시작한 후 한쪽에서 조금씩 집어서 비틀어 돌리면서 이어나가고 중간에서 마무리한다. 청순한 여성미를 강조한 스타일이다.

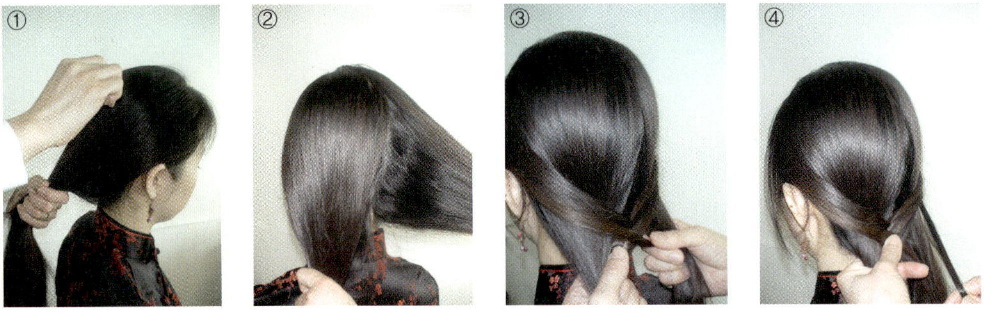

① 모발을 정돈하여 빗질한다.

② 정중선에서 이등분으로 나눈다.

③④ 양쪽 모발 가이드에서 적은양의 모발을 잡아 교차하여 엮어준다.

⑤⑥ 왼쪽 모발은 오른쪽으로 겹치고 오른쪽 모발은 왼쪽으로 겹쳐서 디자인 한다.

⑦⑧ 완성한 후 장신구로 마무리하여 멋스러움을 더한다.

나의작품 뽐내기

나의작품 뽐내기

3) 꼬기 스타일

꼬기 디자인은 한 가닥 또는 두 가닥 꼬기 등이 있으며 꼬는 방법에 따라 다양한 스타일이 연출된다. 모발양의 등분에 따라서 볼륨감 있는 컬을 연출할 수도 있으며 한 면의 포인트로도 표현할 수 있다.

(1) 두 가닥 꼬기

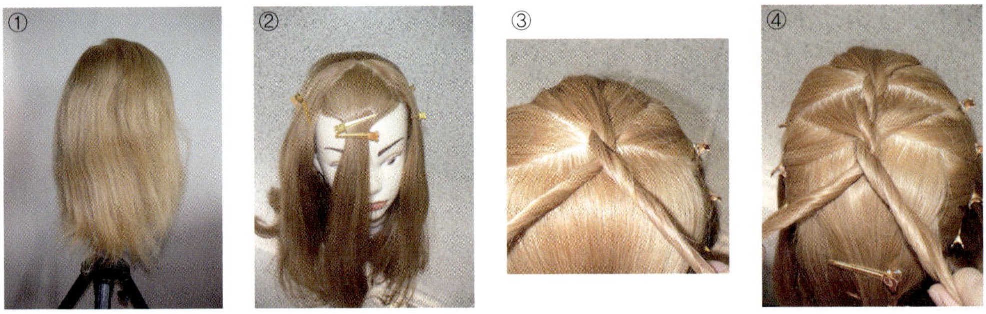

① Before

② 프론트에 V섹션을 나눈다. 정중선에서 마름모섹션을 나누어 3등분 한다.

③ 모발을 두 가닥으로 나누어 한쪽방향 왼쪽으로 꼬아 두 가닥을 합하여 오른쪽으로 꼬아준다.

④ 양쪽모발을 집어 합하여 왼쪽으로 꼬아준 후 두 가닥을 오른쪽으로 꼬아 돌려준다.

⑤⑥은 ④와 같은 방법으로 진행한다.

⑦⑧ 왼쪽 사이드 등분도 전 대각 섹션을 나누어 양쪽모발을 잡아 합친 모발을 두 가닥 꼬아준 후 시계 방향으로 교차하여 꼬아준다.

⑨⑩⑪ 오른쪽 사이드도 왼쪽 사이드 작업 방법과 같이 진행한다. 꼬기를 할 때는 텐션을 가볍게 해준다.

⑫⑬ 꼬아진 가닥을 베이스 둘레로 돌려 만다.
모발 끝을 안으로 돌려말아 디자인에 맞게 헤어핀으로 고정시킨다.

나의작품 뽐내기

나의작품 뽐내기

⑵ 두 가닥 꼬기

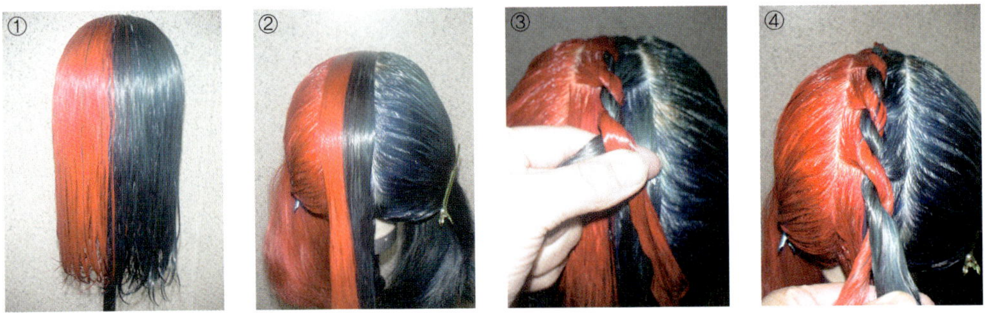

① Before

② 정중선으로 3등분을 나눈다.

③④ 모발을 두 가닥으로 나누어 양쪽으로 모발을 집어 꼬아주기를 한다.

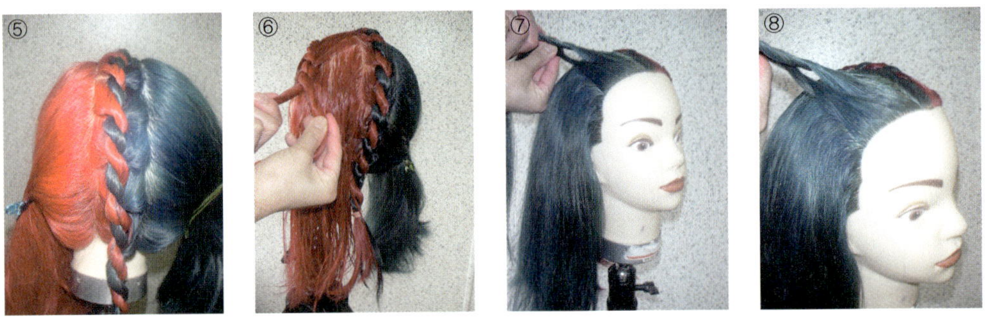

⑤~⑧ 정중선 마무리 후 사이드도 같은 방법으로 진행한다.

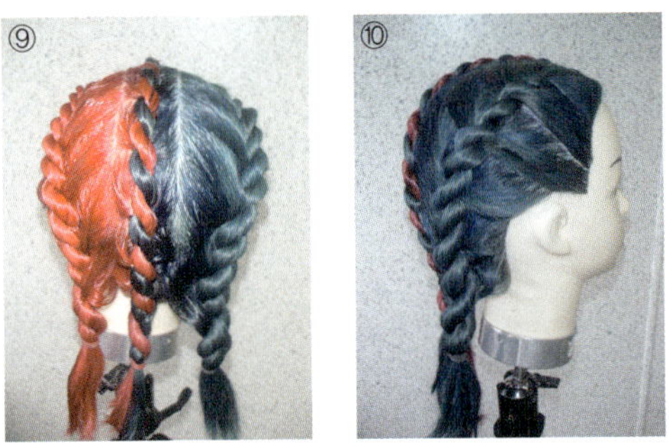

⑨⑩ 완성된 모습

나의작품 뽐내기

나의작품 뽐내기

(3) 응용 꼬기

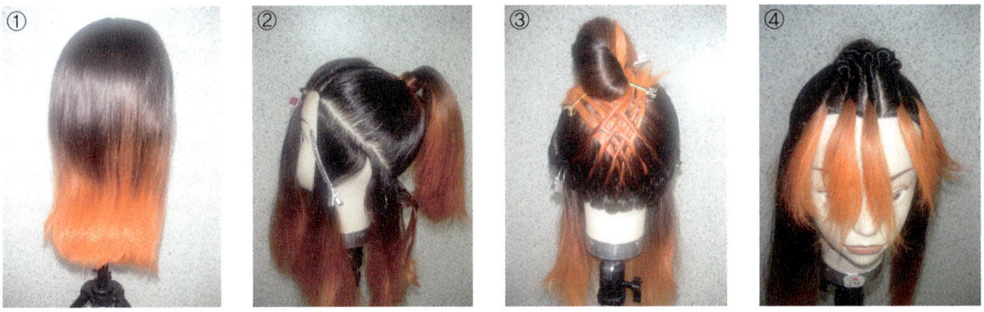

① Before

② 가이드라인 꼬기 표현 모발 남긴 후 G.P에 포니테일을 만든다.

③ 네이프 모발 한 가닥 꼬아 겹치기 디자인 한다.

④ 전두부 모발 한 가닥으로 안으로 말아 꼬기를 디자인 한다.

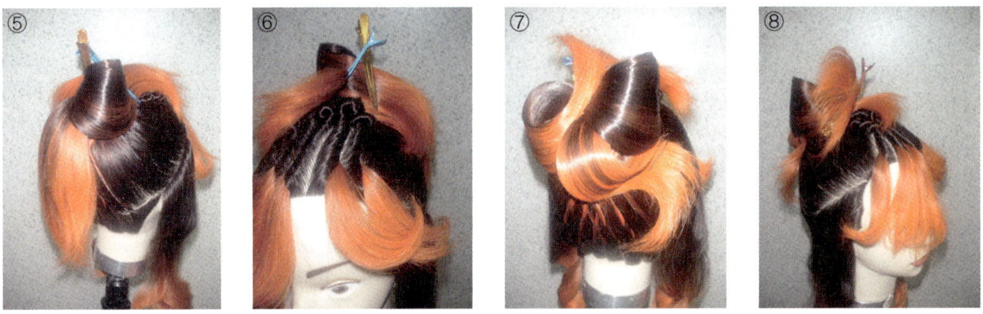

⑤ G.P 포니테일은 삼등분으로 나누어 루프기법을 사용하여 디자인 한다.

⑥~⑧ 나머지 두등분도 같은 방법으로 컬의 흐름에 따라 디자인 한다.

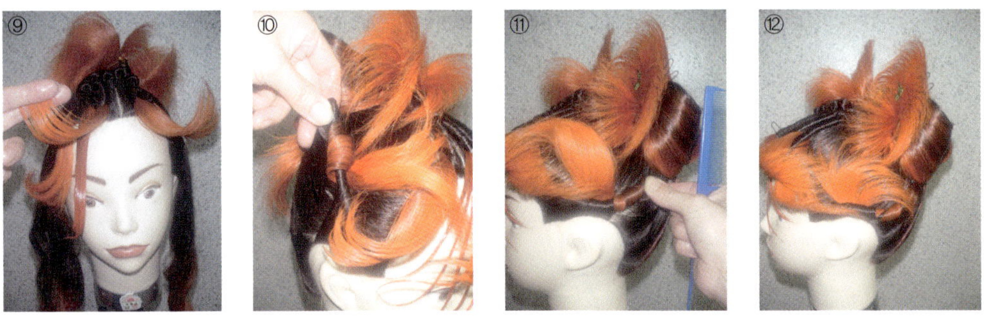

⑨ 프린지의 모발끝 디자인을 살짝 아웃컬로 고정한다.

⑩~⑫ 양쪽 E.P모발은 한 가닥으로 안으로 말아 꼬기를 디자인 한다.

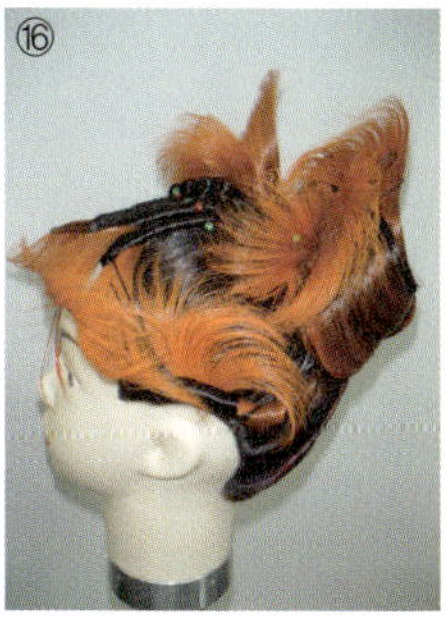

⑬~⑭ 완성된 모습

나의작품 뽐내기

나의작품 뽐내기

(4) 땋기와 꼬기 스타일

딸기와 두 가닥 꼬기 방법을 응용하여 화려하면서도 절제된 아름다움을 표현한 디자인으로서 네이프의 목선은 깔끔하게 디자인하였다. 여러 가닥 땋는 기법과 두 가닥 꼬기 기법을 혼합하여 고전미와 현대적 감각을 통해 여성스러움을 표현한 롱 헤어 디자인이다.

③

① Before

② 크레스트(Crest) 이등분으로 나누어 포니테일을 만든다.

③ 프린지 모발을 여러 등분으로 나누어 땋기 디자인을 한다. 인테리어 모발은 센터 포인트에서 포니테일 지정하여 여러 가닥으로 땋기 디자인한다.

④ 멍석 짜듯이 엮어가며 디자인한다.

⑤~⑦ 오른쪽에서 세 가닥으로 땋기를 시작하여 왼쪽으로 진행하며 한 가닥씩 늘려가며 땋는다. 땋은 모발은 디자인하여 고정한다.

⑧크레스트(Crest) 이등분으로 나누어 네이프 모발은 크레스트(Crest)라인에 맞추어 두 가닥 꼬기로 디자인한다.

⑨⑩ 등분을 나누어 땋기 디자인 후 끝 모발은 깃털모양으로 가볍게 디자인한다.

⑪⑫ 왼쪽 사이드 모발은 기본 세 가닥 땋기로 왼쪽방향에서 시작하여 땋은 모발이 오른쪽으로 흐르도록 디자인한다.

⑬⑭ 여러 가닥 땋기 작업한 모양을 타원형으로 전두 부를 향해 균형있게 고정한다.

⑮⑯ 완성하여 구슬로 장식한다.

⑰⑱ 화려하면서도 세련미가 돋보이는 스타일이다.

나의작품 뽐내기

나의작품 뽐내기

3. 양감 업스타일(volume upstyle)

1) S웨이브 교차하여 볼륨감 표현

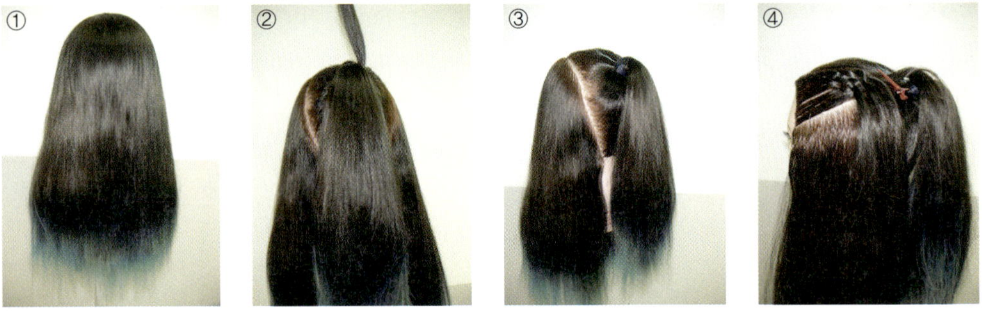

① Before

② 두정 부를 등분하여 G.P에 포니테일을 만든다.

③ 모발을 적은 양을 잡아 포니테일에 돌려 감아 고무줄을 커버한다.

④ 왼쪽 사이드 등분을 슬라이스 하여 땋기 기법으로 엮어 디자인한다.

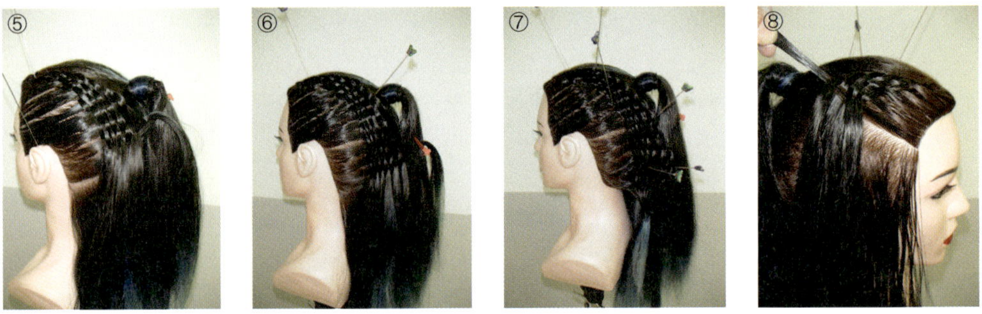

⑤~⑦ 1cm간격으로 동일하게 슬라이스 하여 엮어 나간다.

⑧ 오른쪽 사이드도 반대편과 같은 방법으로 디자인해 나간다.

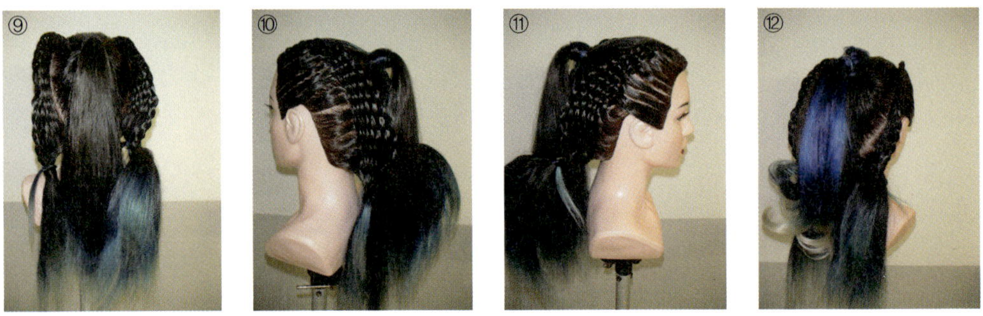

⑨~⑪ 양쪽 가이드라인을 멍석 짜는 방법으로 디자인하여 N.P에서 교차하여 대핀 으로 고정한다.

⑫ 포니테일 모발 하나의 가닥을 얼굴 방향으로 디자인한다.

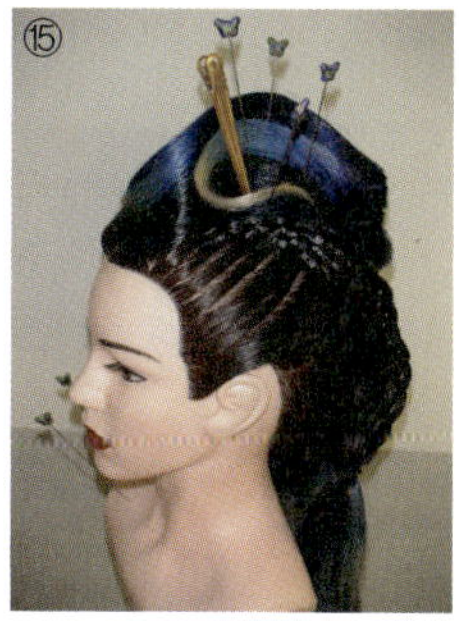

⑬ S웨이브 되게 디자인한다.

⑭~⑯ S웨이브를 교차하여 볼륨감을 주고 헤어 패딩으로 높게 디자인한다.

⑰⑱ 웨이브의 면을 깔끔하게 정리하여 헤어스프레이를 사용 U핀으로 고정한다.

⑲ 왼쪽 사이드 땋은 모발을 N. P고정하고 나머지 모발은 면을 정리해 오른쪽 방향으로 교차해 디자인한다.

⑳ 모발 끝처리는 깃털모양으로 가볍게 디자인한다.

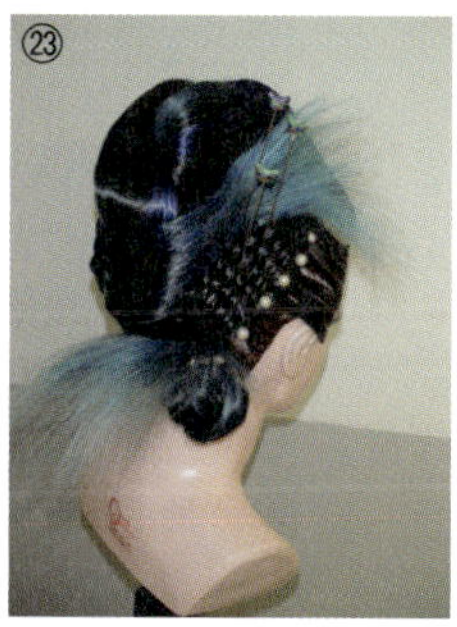

㉑ 오른쪽 사이드 땋은 모발을 N. P고정하고 나머지 모발은 면을 정리해 오른쪽 방향으로 루프를 만들어 디자인한다.

㉒㉓ 모발 끝처리는 깃털모양으로 가볍게 정리하여 헤어스프레이를 사용 디자인하여 고정한다.

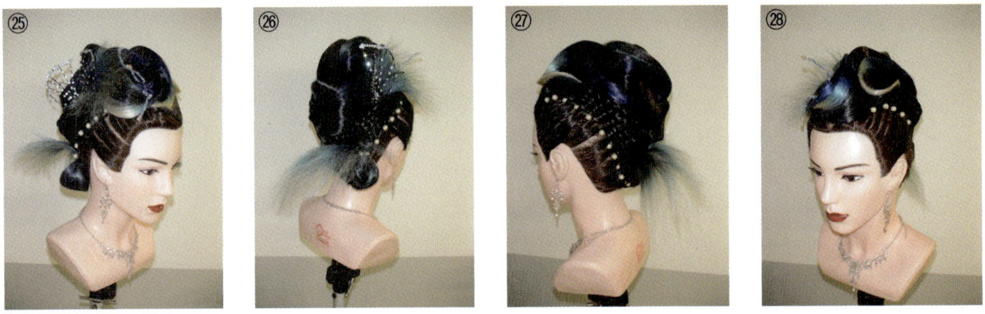

㉕~㉖ 작품에 맞게 액세서리를 사용하여 아름답게 표현한다.

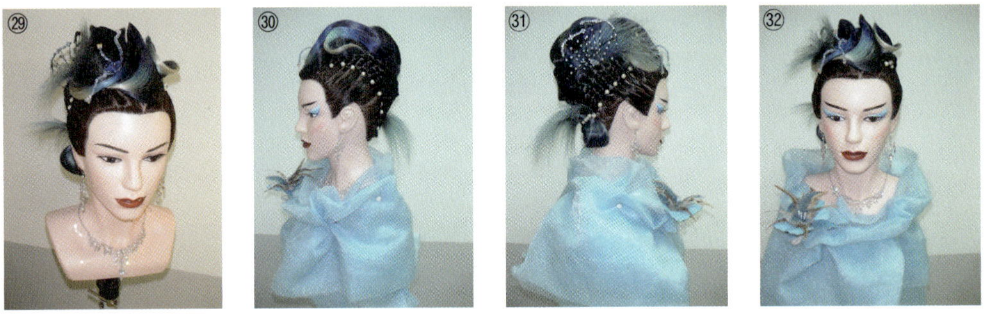

㉙~㉜ 완성 후 모발 컬러에 맞추어 의상디자인을 하였다.

작품에 사용한 헤어 패딩

나의작품 뽐내기

나의작품 뽐내기

2) S자형 웨이브 만들기

앞머리는 S자형 웨이브 만들기 기법을 연출해주고 전체머리를 뒤로 빗어 넘겨 두정부 중앙에 묶어준다. 풍성한 양감을 만들면서 S자형 컬과 같은 느낌의 롤을 만들어준다.

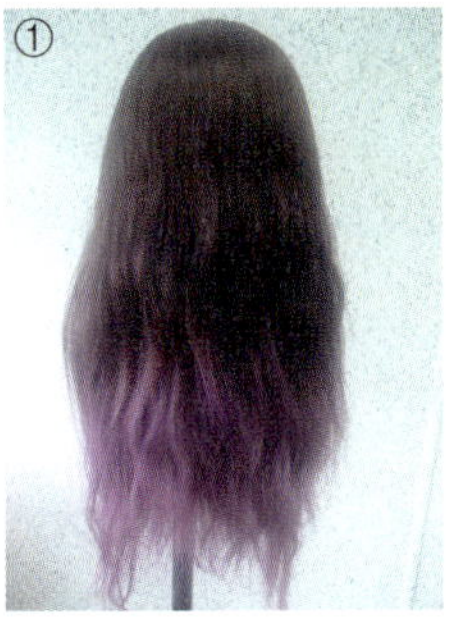

① Before

② G.P에 포니테일을 만든다.

③④ 5등분으로 나누어 바람개비 형태로 한 방향으로 핀셋을 이용하여 스탠드와 플랫 형태의 S컬 모양으로 컬을 만든다.

⑤⑥ 두 번째 등분도 같은 방향으로 컬의 모양을 디자인하여 고정한다.

⑦⑧ 스템이 겹치기 방법으로 완성해 나간다.

⑨~⑫ 풍성한 양감을 만들면서 S자형 컬과 같은 느낌의 롤을 만들어준다.

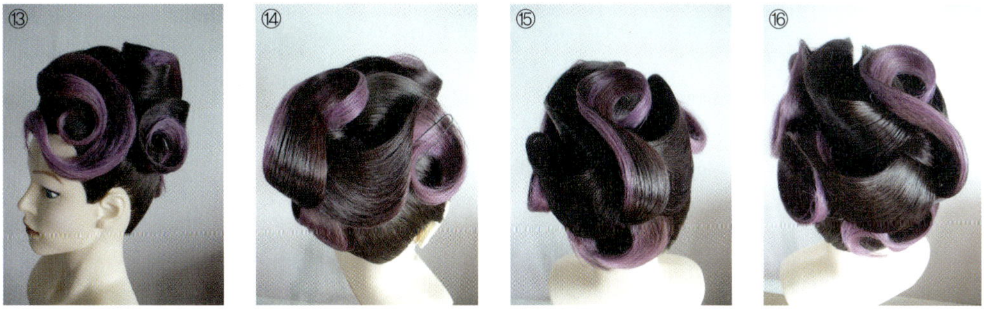

⑬~⑯ 좌 · 우 방향 교자로 전체적인 조화에 맞추어 헤어핀으로 고정한다.

⑰~⑳ 헤어스타일과 의상에 맞는 액세서리를 장식한다.

나의작품 뽐내기

나의작품 뽐내기

3) 왼쪽 옆 가리마를 타고 전체머리에 백콤

왼쪽 옆 가리마를 타고 전체머리를 백콤을 많이 하여 풍성한 양감을 만든 후 앞머리 얼굴 가리기 기법을 응용, 앞머리는 옆방 향으로 빗어주고 옆머리는 두 가닥으로 교차하여 볼륨감을 주며 내려 빗은 후 둥근 옆선을 만들면서 목덜미에서 고정시킨 후 목덜미 롤 머리형을 만들어 준다. 한복 업스타일에 어울리는 고전적인 형태이다.

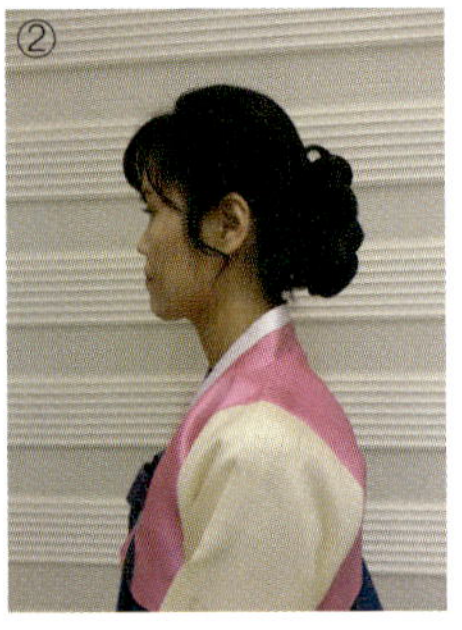

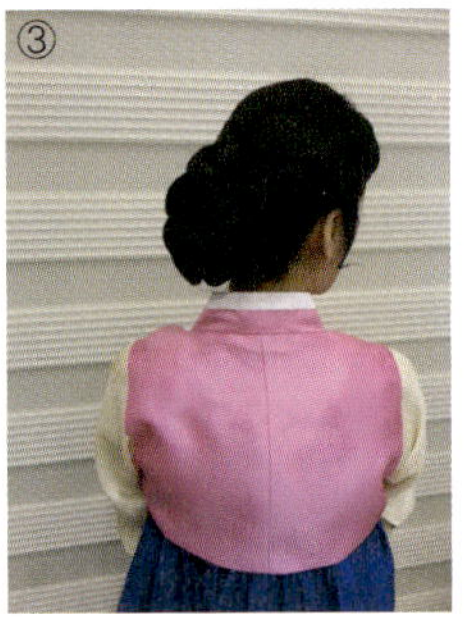

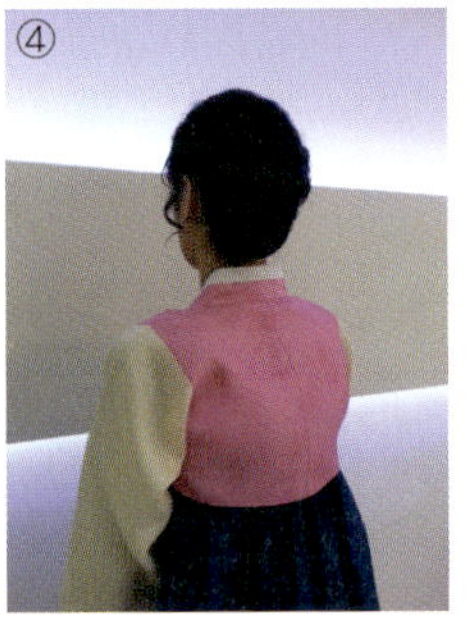

백콤을 조밀하게 넣어 풍성한 양감을 만든 후 한쪽을 먼저 곱게 빗어 뒷머리 중심선 넘는 위치까지 빗은 후 목덜미 선에서 정수리까지 대핀 으로 겹쳐 이어서 꽂아 고정시킨다. 대핀 꽂는 위치에 붙인 후 앞머리와 반대쪽 측면머리를 매끄럽게 빗어 뒷머리 비틀어 겹치기 기법으로 마무리한다. 이때 두정부의 높이를 강조해준다.

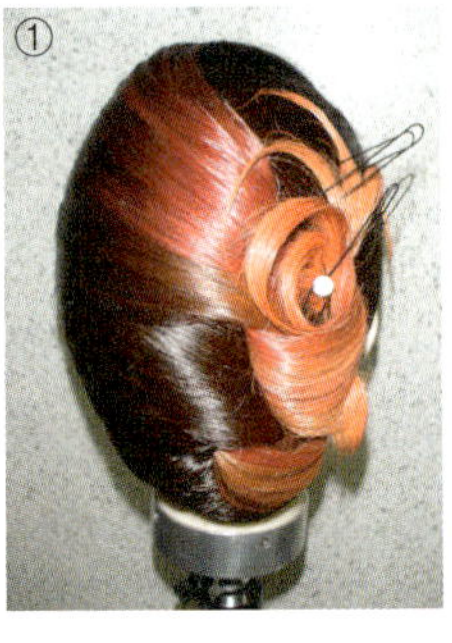

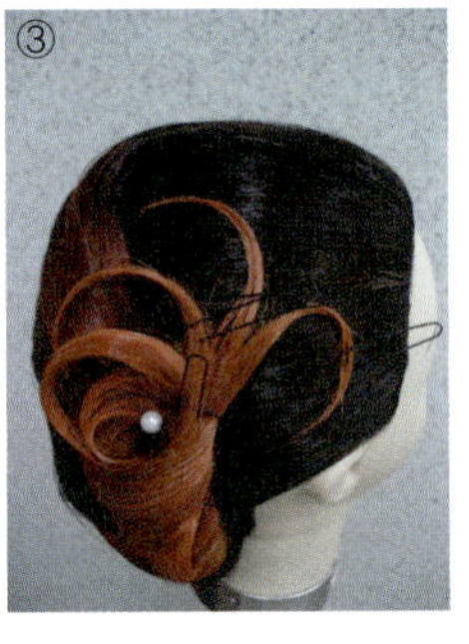

4. 웨딩 업스타일(wedding upstyle)

1) 전체머리를 두정부에서 디자인

전체머리를 백콤을 넣은 후 정수리, 후두부, 목덜미 각각의 상부에 차례로 올려 빗어 두정부에 묶어준다. 정수리 중앙에 토대를 만든 후 뒷머리는 풍부한 볼륨을 만들면서 올려 빗어 토대 위에 고정시켜준다. 롤뱅으로 볼륨을 주어 사랑스런 로맨틱한 이미지로 단순하면서 우아한 느낌을 나타내준다.

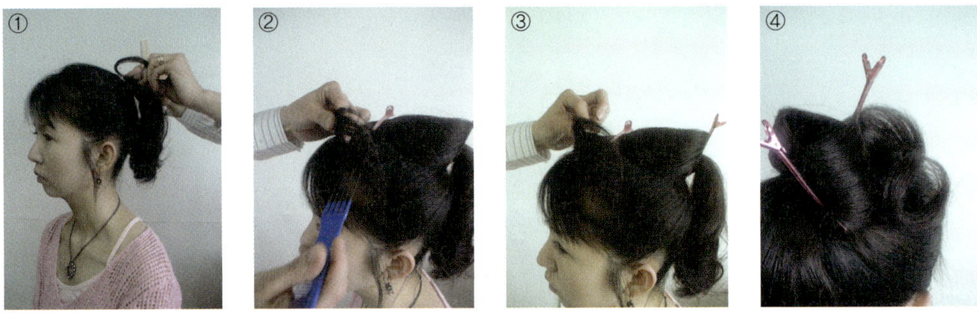

① 두정부에 포니테일을 지정한다.

②③ 한 등분의 모발을 빗질로 면을 고르게 하여 탑 포인트에서 볼륨감 있게 이미지를 표현한다.

④ 스템의 방향을 정한 후 모발의 면을 롤뱅의 형태를 갖추어 컬의 흐름을 정한다.

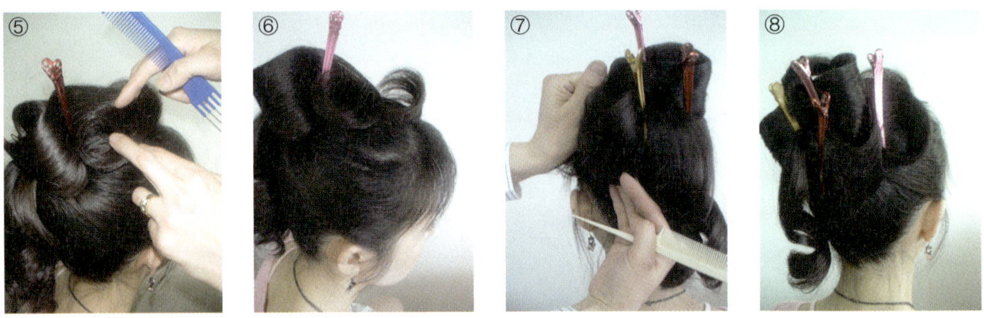

⑤⑥ 리지선에 핀셋으로 고정하여 모발끝 처리를 멋스럽게 표현해준다.

⑦⑧ 스템의 방향을 정해 리지선을 핀셋으로 고정 후 헤어스프레이로 면을 정리한다.

⑨~⑫ 얼굴형의 구도에 맞게 컬을 정리한다. 헤어핀으로 고정하여 마무리한다.

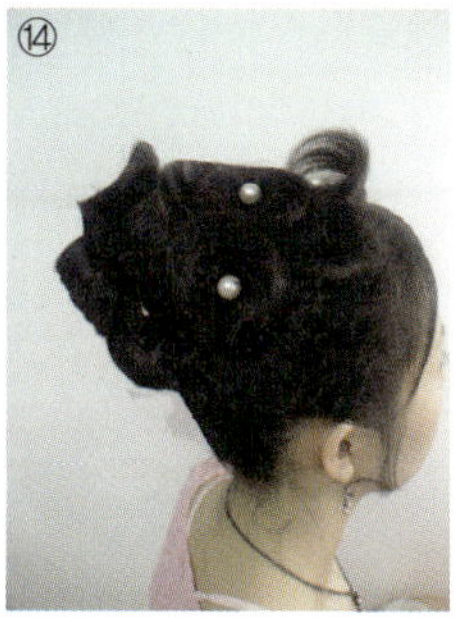

⑬~⑮ 좌·우의 완성된 모습

나의작품 뽐내기

나의작품 뽐내기

2) 앞머리에 움직임 있는 컬의 장식을 연출한 스타일

균일한 볼륨을 만든 후 전두부와 두정부에 올려 빗어 이등분으로 묶는다. 여러 갈래로 나누어 두정부와 후두부에 둥글둥글한 형태를 만들어 주고 앞부분에 움직임 있는 컬의 장식을 연출하여 우아하고 부드러운 여성미를 표현해준다.

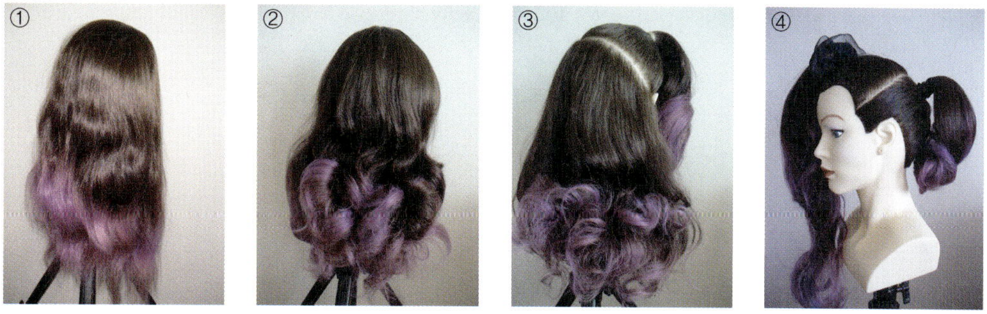

① Before

② 열 세팅기로 와인딩하여 모발을 정리한다.

③④ 균일한 볼륨을 만든 후 전두부와 두정부에 올려 빗어 포니테일을 만든다.

⑤⑥ 전두부의 포니테일 모발을 삼등분하여 컬의 흐름을 따라 디자인 한다.

⑦ 앞이마에 뱅을 만들어 롤컬로 부드러운 움직임을 표현하다.

⑧ 두정부 포니테일도 삼등분하여 면을 매끄럽게 정리한 후 원통의 롤뱅으로 디자인한다.

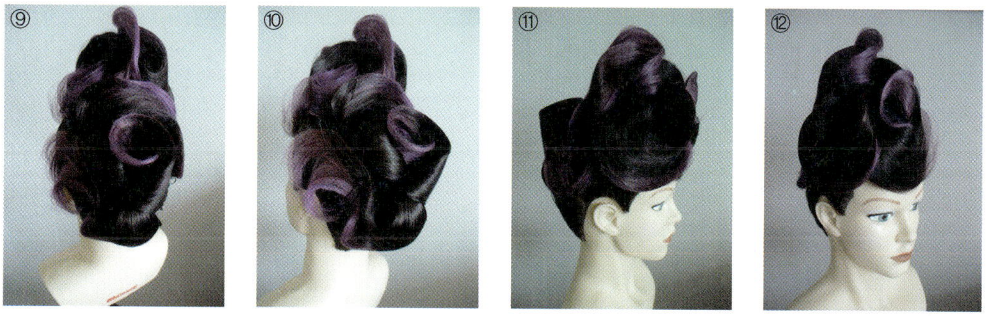

⑨~⑫ 완성된 모습

나의작품 뽐내기

나의작품 뽐내기

3) 백콤을 넣은 후 정수리로 모아 둥글게 묶는 스타일

전체머리를 풍성한 볼륨의 백콤을 넣고 정수리로 모아 빗어 하나로 묶는다. 앞머리와 옆머리는 높은 볼륨으로 틀어 올려 주고 뒷머리는 여러 개의 롤을 만들어 포개지고 겹쳐지는 형태를 연출한다. 이때 모량이 부족할 때는 롤 가발을 만들어 붙여준다. 여러 갈래로 등분을 나누고 백콤을 넣어 루프기법을 이용하여 모발 끝을 가볍게 처리한 디자인이다.

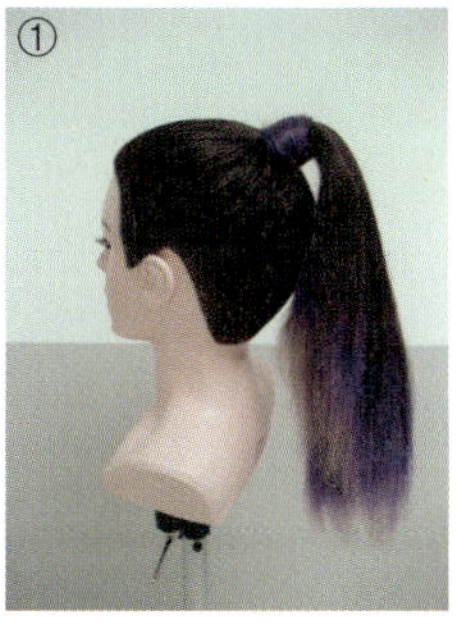

① 정수리에 포니테일을 만든다.

② 염색된 피스를 정수리에 고정한다.

③④ 프린지 방향으로 S컬의 웨이브를 디자인한다.

⑤⑥ 스템의 방향을 잡아 면을 정리한 후 컬의 흐름에 따라 고정하여 모발 끝을 가볍게 마무리한다.

⑦⑧ 같은 방법으로 디자인 한다.

⑨⑩ 컬의 리지선을 핀셋으로 고정하여 헤어스프레이를 분무 후 헤어핀으로 고정한다.

⑯

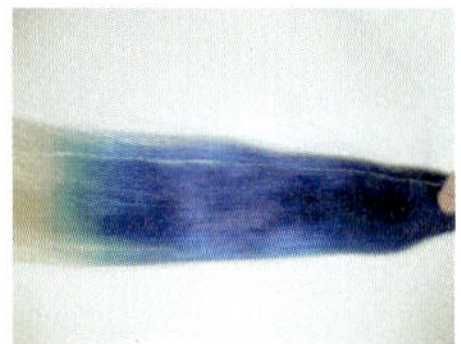

⑪~⑮ 디자인에 맞게 악세사리를 이용하여 멋스러움을 더하였다.

⑯ 헤어 패딩(Hair Padding)

나의작품 뽐내기

나의작품 뽐내기

4) S웨이브 스타일

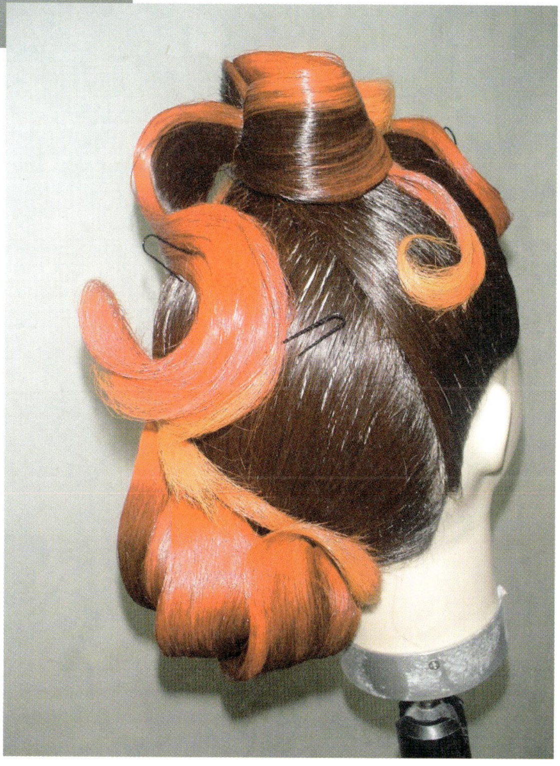

프린지의 부드러운 S웨이브와 네이프의 컬과 연결된 볼륨은 단아하면서 컬러의 화려함과 여성스러운 느낌을 준다.

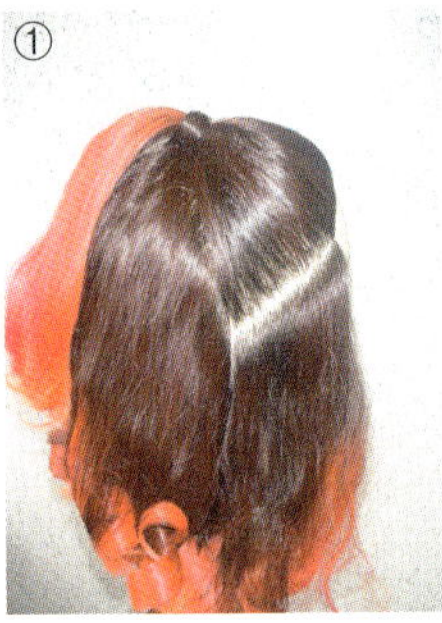

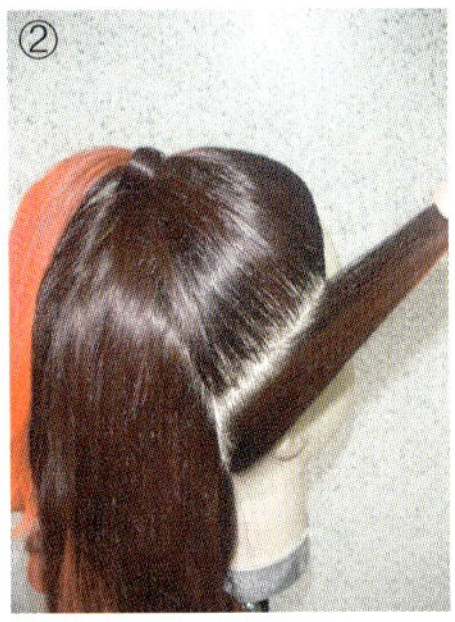

① 왼쪽 E. P와 오른쪽 E. B. P를 연결하여 등분을 나눈다.

②③ 가이드 모발2cm남겨진 슬라이스모발을 T.P포니테일에 감아 고정한다.

④ 전두부 포니테일을 삼등분으로 나누어 하나의 등분은 얼굴 쪽으로 흐르듯이 S웨이브를 부드럽게 디자인한다. 나머지 등분도 수직롤링으로 디자인하여 S웨이브로 교차하여 고정한다.

⑤ 전두부 모발 하나의 등분을 수평롤링으로 면을 매끄럽게 정돈하여 S웨이브로 고정한다.

⑥ 후두부 모발 하나의 등분을 수평롤링으로 디자인한다.

⑦⑧ 나머지 등분은 면을 매끄럽게 정돈하여 S웨이브로 고정한다.

⑨~⑫ 헤어스프레이를 사용하여 디자인 정리 후 조화 있게 면을 정돈하여 마무리한다.

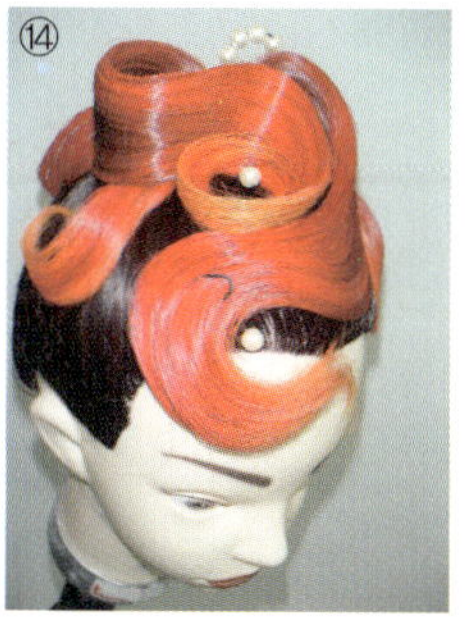

⑬~⑯ 부드러운 질감의 S웨이브로 볼륨감 있게 구성하여 여성스럽고 우아한 이미지를 연출한다.

나의작품 뽐내기

나의작품 뽐내기

5) 우아한 웨딩 업스타일

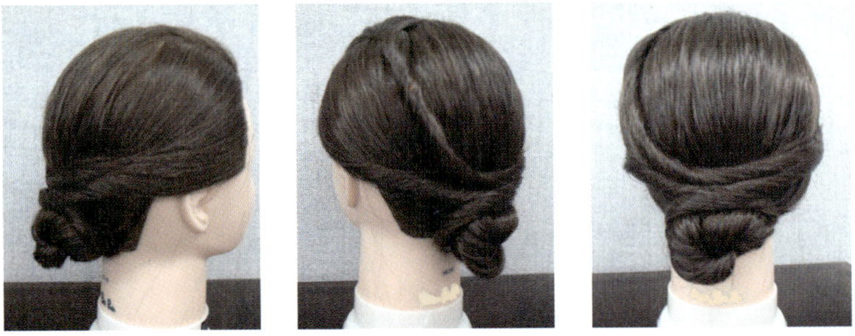

한쪽방향으로 꼬아 위치를 잡아 헤어핀으로 고정시켜 완성한다.

프린지 가이드라인 모발을 정중선으로 모아 기본 세 가닥 땋기 기법으로 디자인한다.

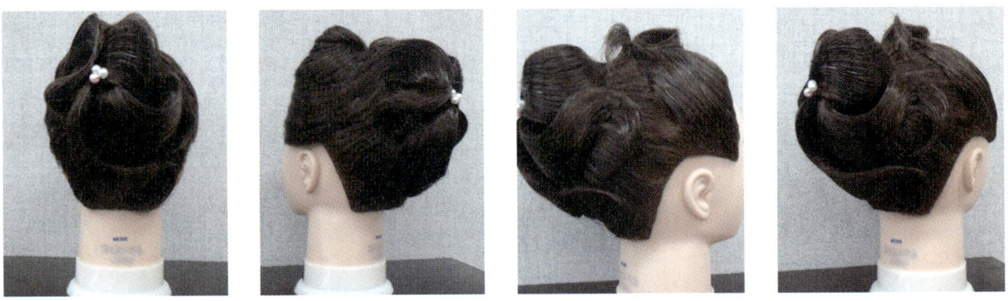

우아한 S웨이브를 반복하여 아름다운 스타일을 디자인한다.

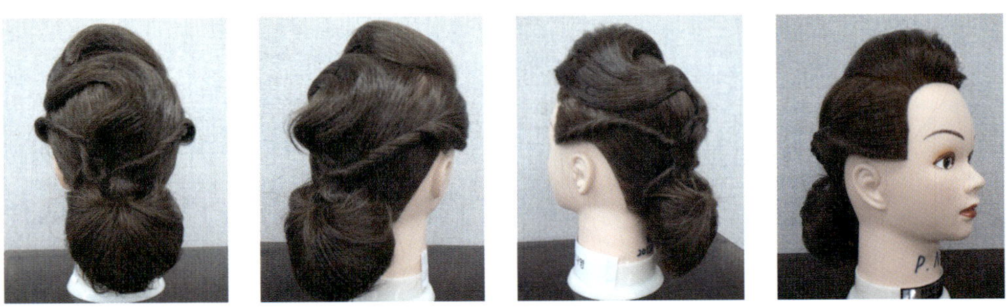

볼륨감을 주기위해 백콤기법을 사용하여 액세서리로 하나의 가닥으로 꼬아 디자인한다.

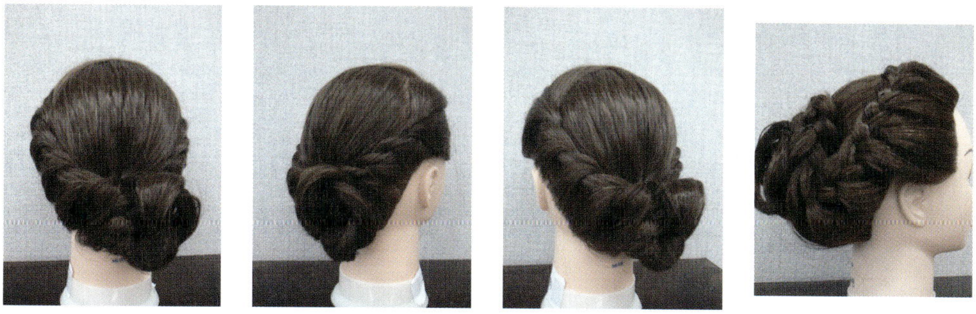

두 가닥 꼬기 기법으로 볼륨감을 주어 발랄하면서 고전적인 이미지를 디자인한다.

사이트파트에서 세 가닥 집어 땋기를 시작하여 N.P에 고정한다. N.P에서 루프로 디자인하여 모발 끝은 부채꼴로 헤어스프레이를 이용 가볍게 디자인한다.

G.P에 포니테일을 지정하여 4등분한다. 하나의 면을 앞으로 컬이 흐르게 디자인하도 나머지 두면은 같은 방향으로 교차되게 S웨이브로 디자인한다. 네 번째의 면은 기본 세 가닥 땋기로 웨이브 방향으로 디자인한다.

6) 우아한 한복 업스타일

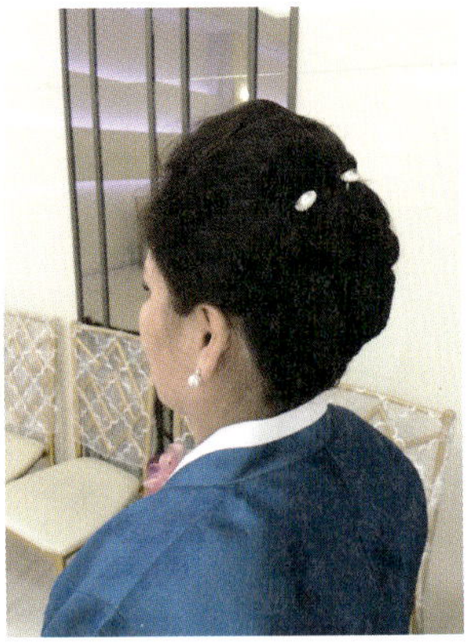
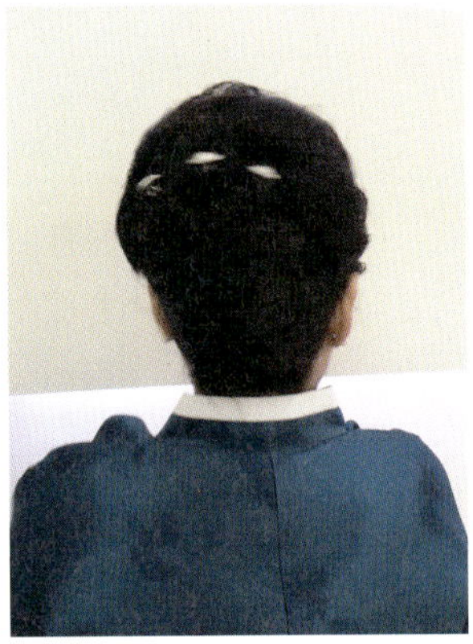

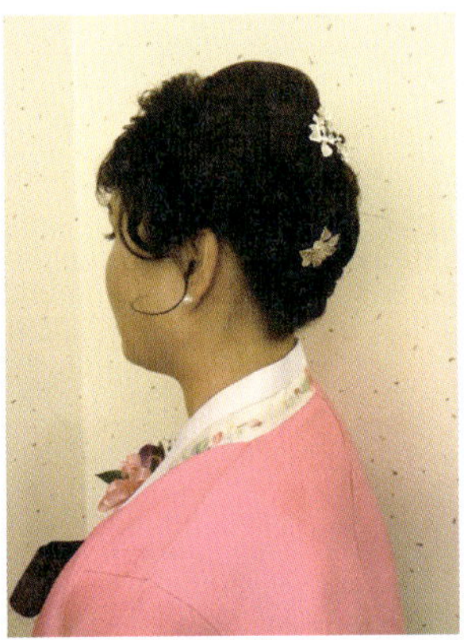
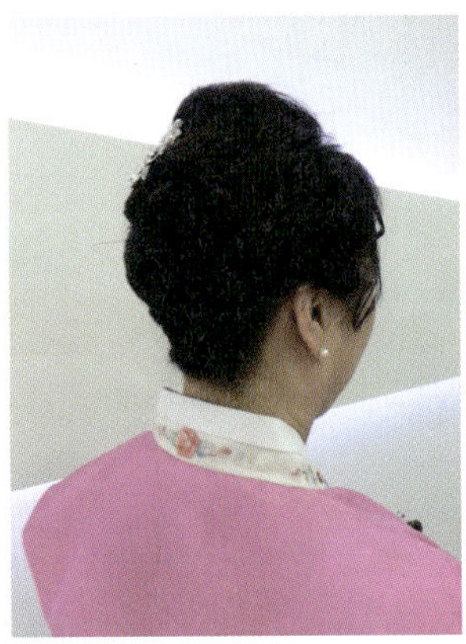
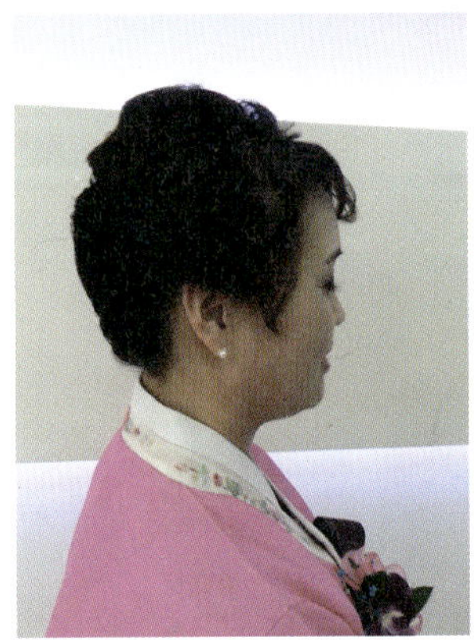

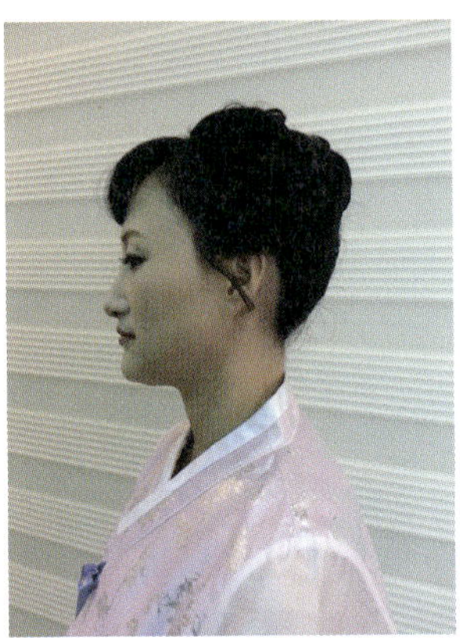
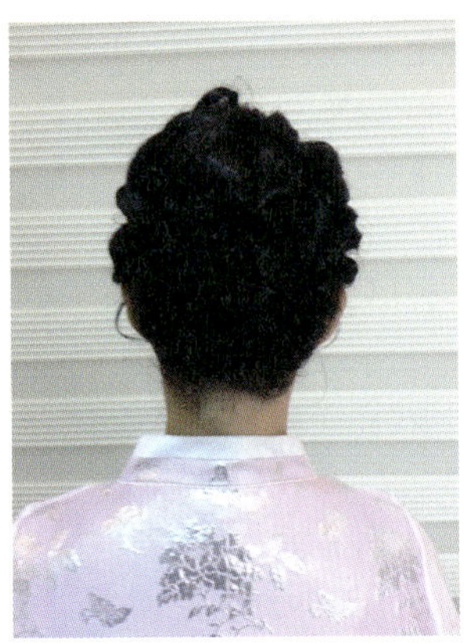
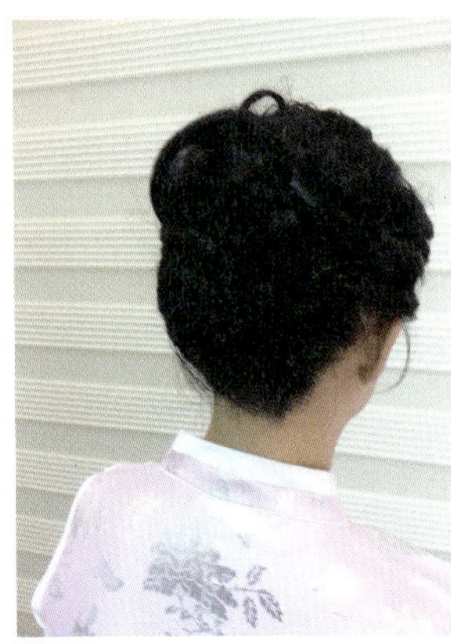

5. 응용 업스타일(applied upstyle)

1) 루프와 부채꼴 스타일

매끄러운 면과 선을 살려서 아름다움을 표현하고 모발끝선을 가볍게 부채꼴로 표현하였다. 전두부와 후두부의 롤기 법을 아름답게 연출하여 깔끔한 면과 생동감 있는 선 처리로 유연성을 나타낸다. 컬의 곡선을 만들면서 토대 위에 겹치면서 고정시켜 전체적인 분위기를 가볍고 자연스럽게 해준다.

① Before

② 전두부와 후두부의 포니테일을 비대칭으로 묶는다.

③④ 하나의 판넬을 매끄럽게 면을 정리하여 겹치면서 핀으로 고정한다.

⑤ 오른쪽 사이드방향으로 롤링의 흐름을 조화 있게 디자인한다.

⑥⑦ 모발 끝은 부채꼴로 가볍게 처리한다.

⑧ 네이프 등분선 한 면은 전두부와 연결이 자연스럽게 세 가닥 땋기를 응용하여 디자인한다.

⑨⑩ 네이프 모발을 한 등분씩 구조를 잘 보면서 선과 면의 흐름에 대칭이 되도록 한다.

⑪ 세 가닥 땋기를 모양을 내어 첫 번째 단과 조화 있게 연결하여 준다.

⑫ 여섯 번째 등분도 네이프의 구조를 보고 마무리한다.

⑨⑩ 네이프의 7번째 등분을 세 가닥 땋기로 디자인하여 롤 컬을 조화 있게 받쳐준다.

⑪⑫ 전체적으로 구조에 맞게 모발끝처리를 가볍게 헤어스프레이를 이용하여 정리해준다.

⑬~⑮ 전두부의 루프와 롤링을 이용하여 풍성한 느낌으로 디자인하고 조화에 맞게 분수모양으로 디자인한다.

⑯~⑱ 디자인에 맞추어 장식으로 마무리한다.

나의작품 뽐내기

나의작품 뽐내기

2) 헤어 패딩을 이용한 스타일

모발을 탑(Top)으로 모아서 빗어 고정하고 헤어스프레이를 이용하여 디자인에 헤어 패딩(Hair Padding), 루프(Loops), 롤(Roll), 웨이브(wave)를 만들어 연출한다.

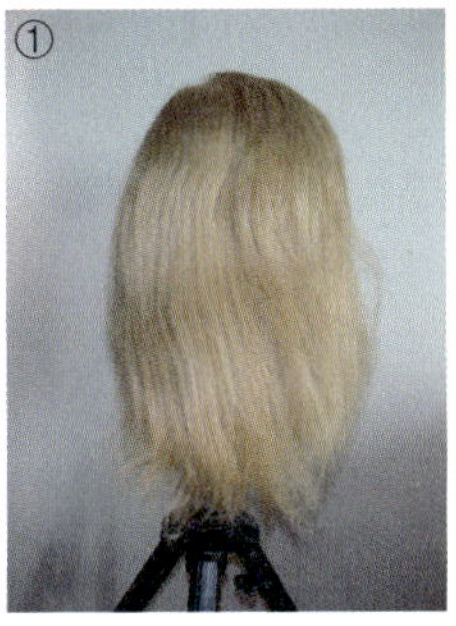

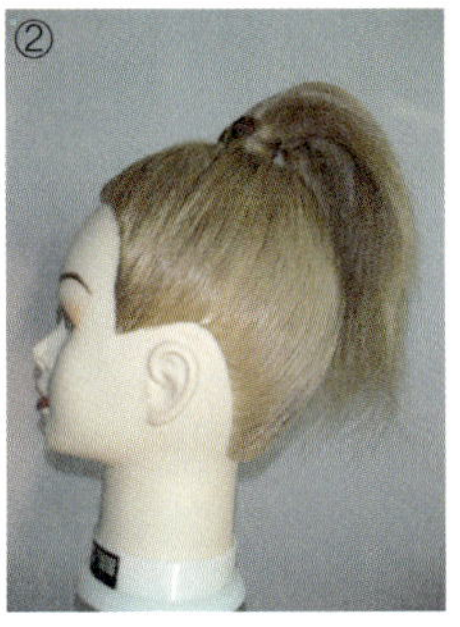

① Before

② 두정부에 포니테일을 만든다.

③ 고정 핀으로 헤어피스를 포니테일에 고정한다.

④ 등분을 나누어 프리지 방향으로 S컬의 웨이브가 흐르도록 디자인한다.

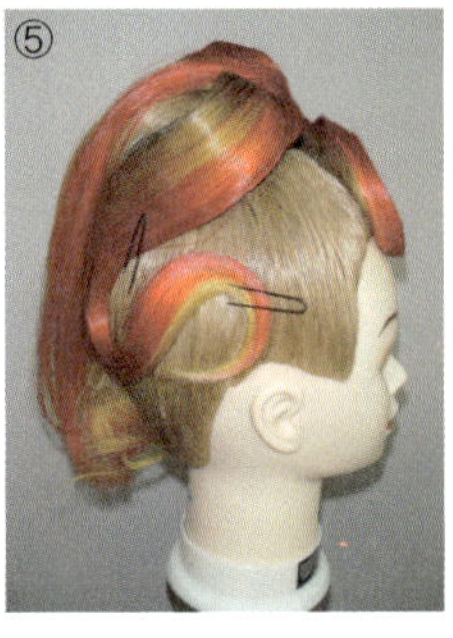

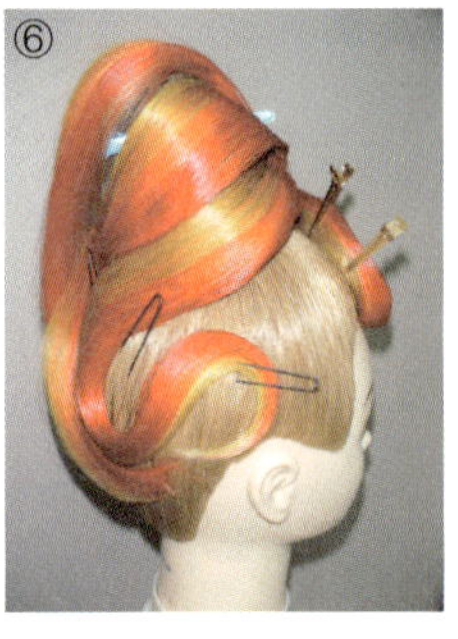

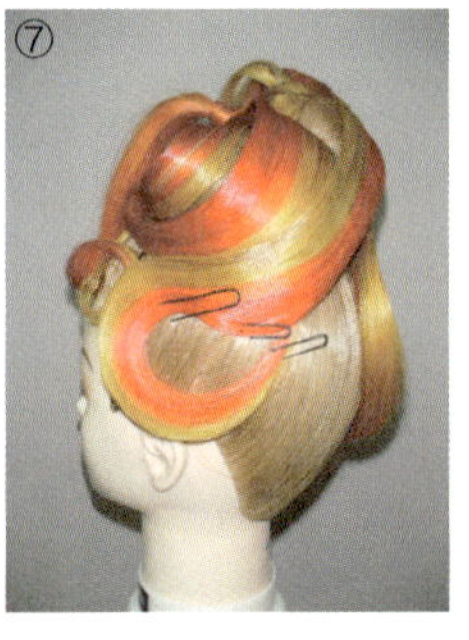

⑤⑥ 네이프 방향으로 S웨이브로 연출한다.

⑦⑧ 구도에 맞게 전체적인 조화를 이루어 디자인한다.

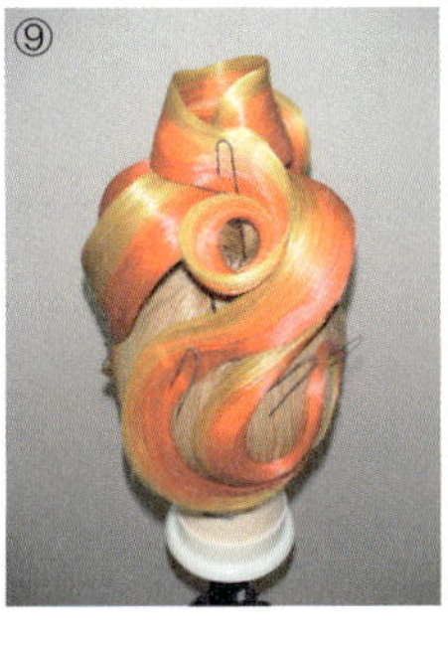

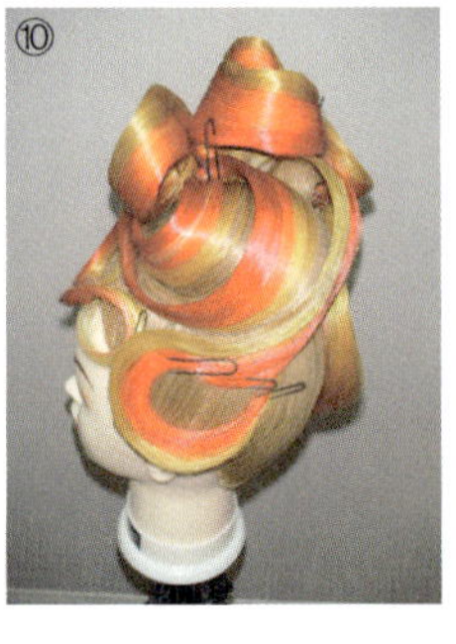

⑨~⑪ T.P에 롤(Roll)뱅으로 연결하여 G.P로 루프(Loops)로 연결한다.

⑫ T.P에 분수모양의 피스로 장식한다.

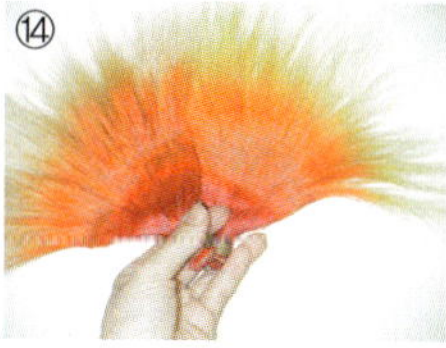

⑬ 장식으로 마무리한다.

⑭~⑯ 작품에 이용한 헤어 패딩(Hair Padding)

나의작품 뽐내기

나의작품 뽐내기

3) 집어 이어 땋기와 컬의 응용

① Before

② B.P에 라운드로 포니테일을 만든다.

③④ C.P에서 왼쪽방향으로 기본 세 가닥으로 시작하여 멍석 짜듯이 왼쪽 집어 땋기로 가닥을 늘려 나간다.

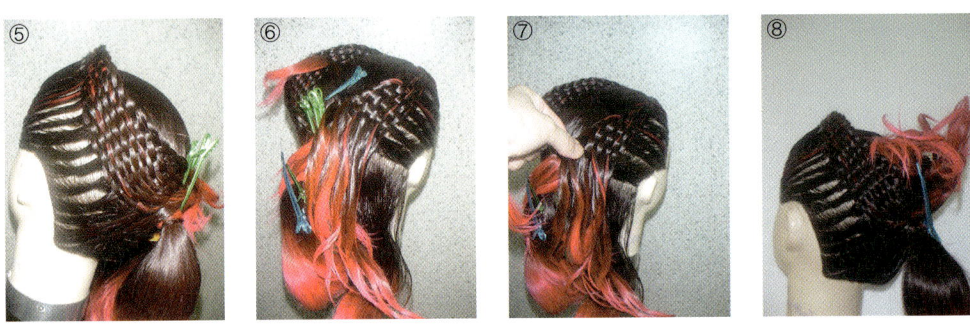

⑤~⑧ 왼쪽가이드라인 모발을 멍석 짜듯이 오른쪽 가이드라인 섹션도 같은 방법으로 작업해 나간다.

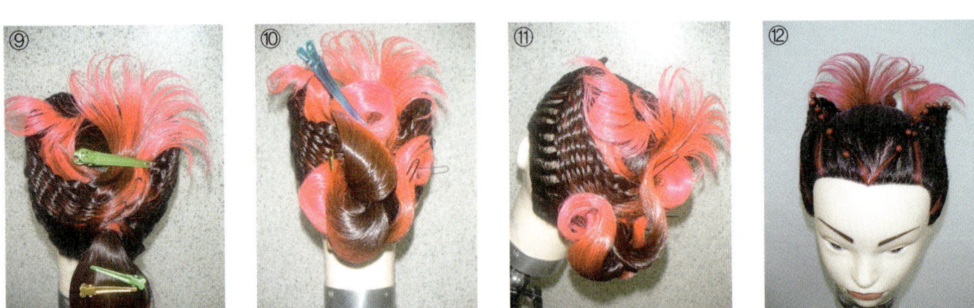

⑨ 땋은 양쪽모발을 교차하여 모발 끝은 가볍게 디자인하여 고정한다.

⑩⑪ 네이프 모발은 삼등분하여 S웨이브로 디자인하여 서로 교차되게 마무리한다.

⑫ 완성된 모습

나의작품 뽐내기

나의작품 뽐내기

4) 세가닥 꼬기와 S웨이브

전 두부 머리는 뿌리에 백콤을 하여 볼륨을 만들어서 토대 위에 고정시키고 앞머리는 얼굴선을 가릴 수 있도록 느슨하게 곡선을 만들면서 토대 위에 겹치면서 고정시켜 전체적인 분위기를 가볍고 자연스럽게 해준다.

① Before

② 전두부와 후두부 중앙에서 핀 토대를 만들어준다.

③ 전두부 포니테일을 삼등분으로 나누어 하나의 등분은 얼굴 쪽으로 흐르듯이 S웨이브로 디자인한다.

④ 나머지 등분도 수직롤링으로 디자인하여 S웨이브로 고정한다.

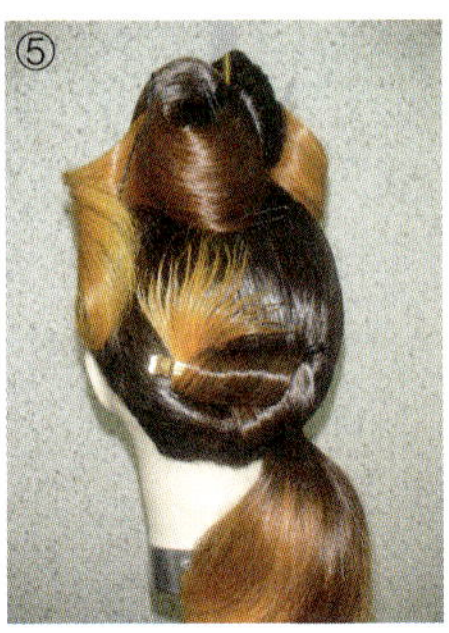

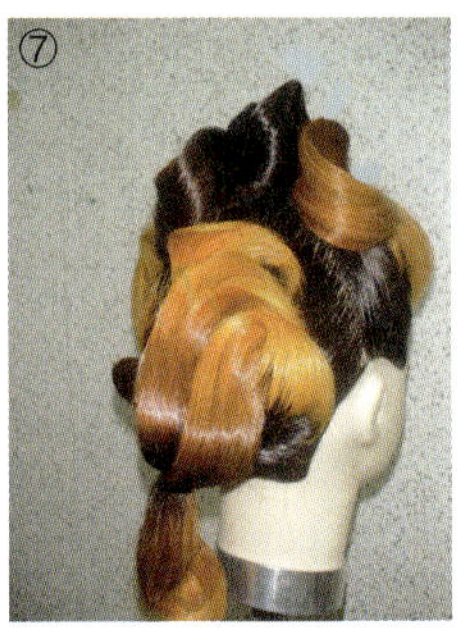

⑤ 후두부 모발 하나의 등분을 수평롤링으로 디자인한다.

⑥⑦ 나머지 등분은 면을 매끄럽게 정돈하여 S웨이브로 고정한다.

⑧ 다섯 번째 모발은 세 가닥 땋기를 디자인하여 조화 있게 모양을 낸다.

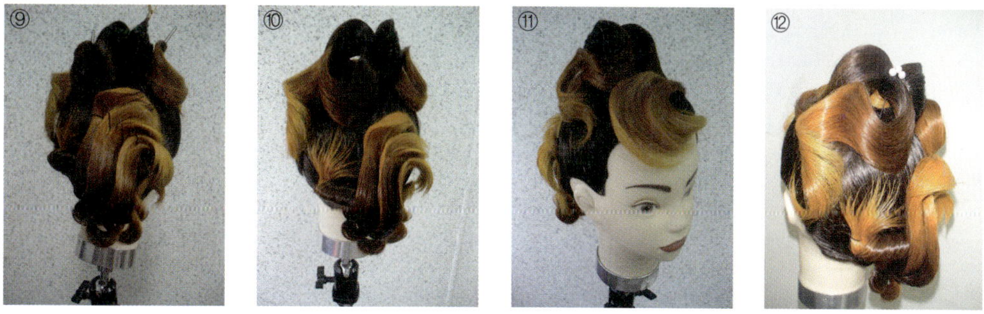

⑨~⑫ 헤어스프레이를 사용하여 디자인 정리 후 조화 있게 면을 정돈하여 마무리한다.

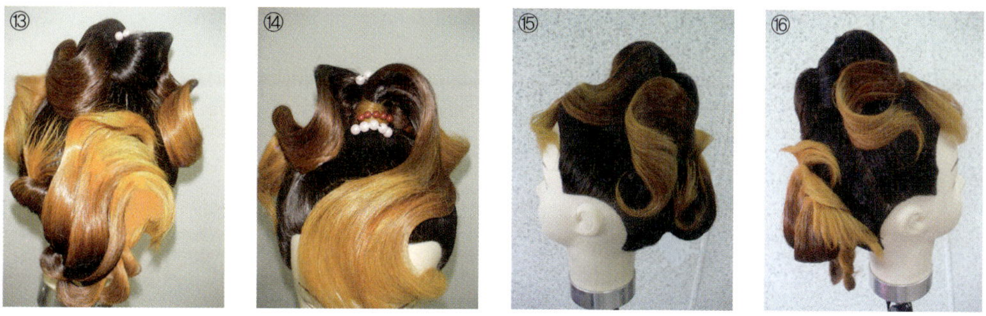

⑬~⑯ 부드러운 질감의 S웨이브로 볼륨감 있게 구성하여 여성스럽고 로멘틱한 이미지를 연출한다.

나의작품 뽐내기

나의작품 뽐내기

6. 창작 업스타일(creation upstyle)

1) 루프와 땋기로 화려한 스타일

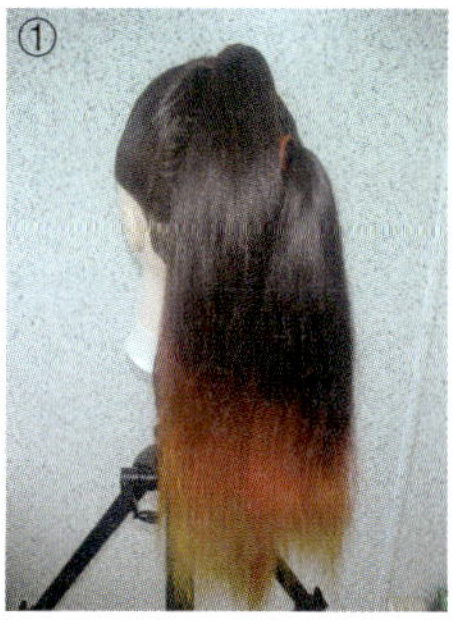

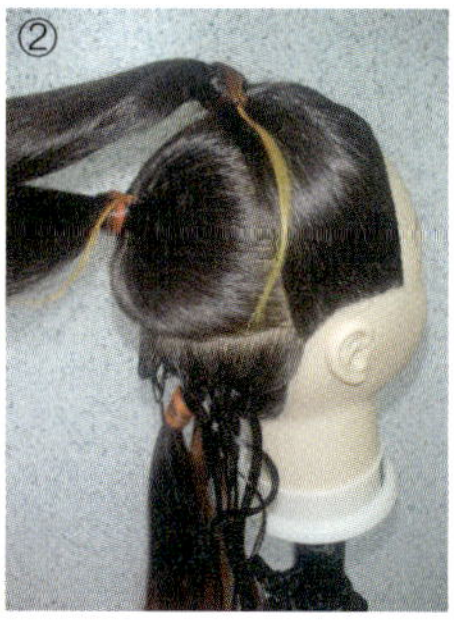

① 모발을 삼등분으로 나눈다.

② T.P, G.P, N.P에 3등분하여 포니테일을 만든다.

③ T.P에 롤링으로 디자인하여 준다.

④ 두 번째 루프는 좀 더 크게 하여 입체감을 준다.

⑤ 세 번째 루프는 이마 선을 흐르게 한다.

⑥ 끝모발은 롤뱅으로 디자인하여 부채꼴로 가볍게 디자인한다.

⑦⑧ 헤어 스프레이로 고정 후 핀으로 마무리한다.

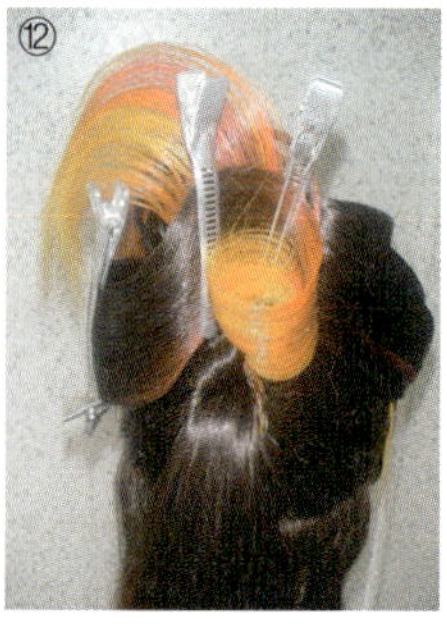

⑨⑩⑪ G.P모발 하나의 등분을 평면 땋기를 하여 루프형태로 디자인한다.

⑫ 원통상의 롤 형태로 고정하여 모발 끝처리는 가볍게 날려준다.

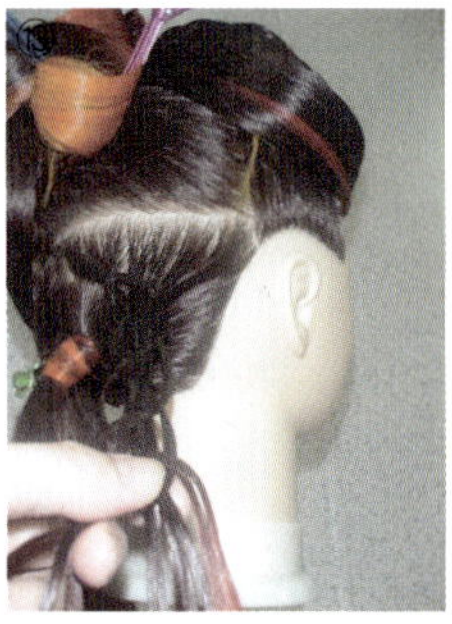

⑬ 네이프 모발을 평면 땋기로 전두부 모발 땋기 디자인과 연결하여 준다.

⑭ 루프를 디자인하여 롤뱅으로 마무리한다.

⑮⑯ 구도에 맞게 디자인하여 모발 끝처리는 가볍게 부채꼴로 표현한다.

⑰~⑳ 디자인을 헤어스프레이로 면을 정리하여 진주 구슬로 포인트를 준다.

나의작품 뽐내기

나의작품 뽐내기

2) 땋기와 루프를 응용한 창작 스타일

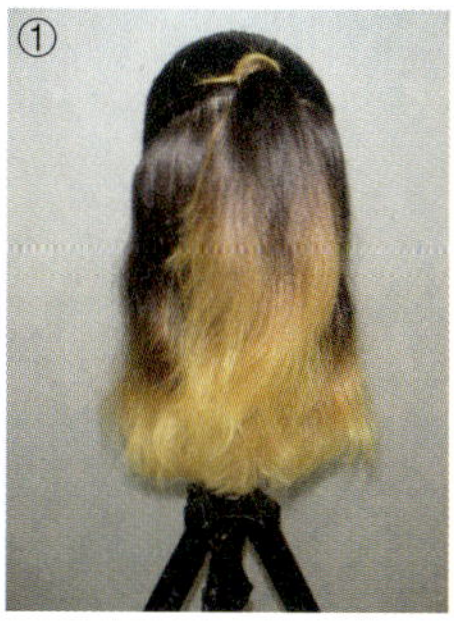

① Before

② 2등분으로 나눈다.

③ G.P모발을 5등분하여 하나의 등분은 집어 땋기로 디자인하여 표현한다.

④ 3등분을 땋기 디자인으로 한다.

⑤ G.P모발 포니테일을 2등분하여 수직 컬로 디자인한다.

⑥⑦ 네이프 모발을 4등분하여 루프형태로 디자인한다.

⑧ 헤어스프레이로 모발 면을 매끄럽게 정리하여 마무리한다.

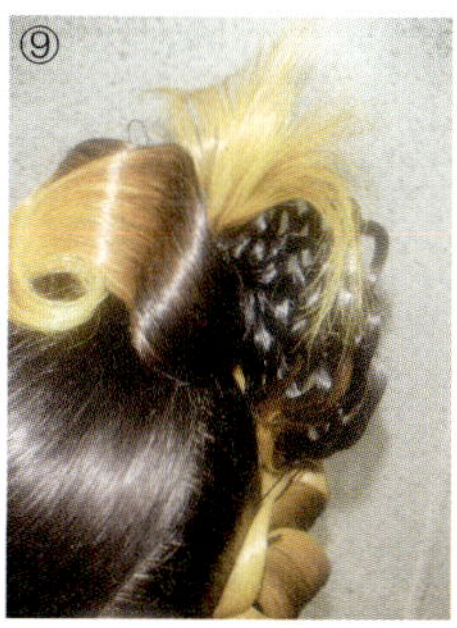

⑨~⑫ 구도에 맞게 정리한 후 헤어핀으로 고정하여 완성한다.

나의작품 뽐내기

나의작품 뽐내기

3) 딸기와 원통상의 롤뱅 스타일

① Before

② T.P에 포니테일을 만든다.

③④ 세로 1cm 슬라이스 하여 엮어 땋기로 디자인한다.

⑤ 땋은 모발을 사이드에서 모아 3등분으로 나눈다.

⑥⑦ 3가닥 땋기 하여 면의 형태를 가닥으로 빼어 컬의 형태로 디자인한다.

⑧ 모발 끝을 정리하여 U핀으로 고정한다.

⑨ T.P에 볼륨감을 높이기 위해 헤어 심을 고정한다.

⑩ 롱헤어 피스를 고정하여 모발의 면을 정리하여 세로 컬로 볼륨감을 준다.

⑪⑫ 롤링과 S웨이브를 디자인한다.

⑬⑭ 흰색 피스를 이용하여 컬의 면을 포인트 주어 디자인한다.

⑮ 진주구슬 악세사리로 포인트를 주어 화려한 스타일로 무대에서 작품으로 추천할 만한 디자인이다.

⑯ 볼륨감을 표현하기 위해 사용한 헤어피스이다.

나의작품 뽐내기

나의작품 뽐내기

4) 세련되고 개성을 표현한 창작스타일

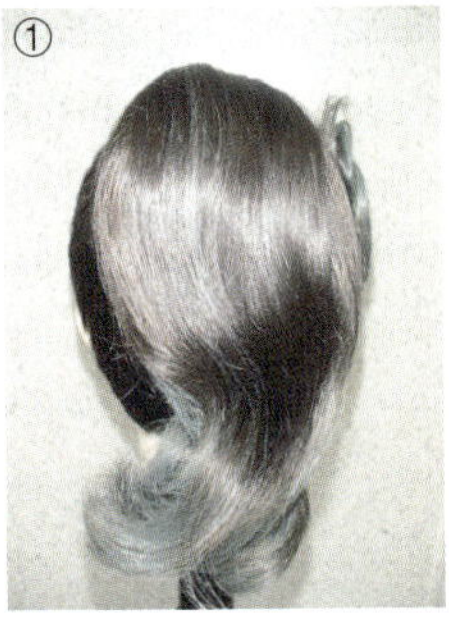

① 사이드 등분하여 G.P에 포니테일을 묶는다.

② 왼쪽에서 세 가닥 땋기로 시작하여 오른쪽 방향으로 1cm슬라이스하여 집어 땋기 디자인한다.

③ 땋기한 모발을 모아 3가닥 땋기로 디자인하여 헤어핀으로 고정한다.

④ G.P모발을 3등분하여 하나의 등분을 얼굴 쪽으로 컬이 흐르게 디자인한다.

⑤⑥ 2등분의 모발을 정리하여 면을 깔끔하게 S웨이브로 디자인하여 마무리한다.

⑦⑧ 모발 끝처리는 새털모양으로 가볍게 펴서 헤어스프레이로 고정한다.

⑨⑩ 조화 있게 구도를 맞추어 마무리한다.

나의작품 뽐내기

나의작품 뽐내기

5) 헤어 패딩을 이용한 스타일

① Before

② T.P에 포니테일을 만든다.

③ 프린지 모발을 루프 기법을 사용하여 터들을 디자인한다.

④ 전두부 포니테일을 삼등분으로 나누어 하나의 등분은 얼굴 쪽으로 흐르듯이 S웨이브를 부드럽게 디자인한다.

⑤⑥⑦ 나머지 등분도 수직롤링으로 디자인하여 S웨이브로 교차하여 고정한다.

⑧ 원통상의 롤뱅으로 볼륨감을 높인다.

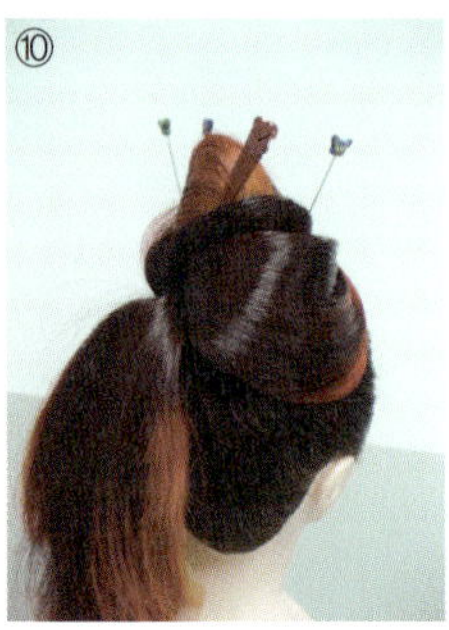

⑨⑩⑪ 루프의 기법을 사용하여 면을 매끄럽게 정리해 크기 조정하여 디자인한다.

⑫ 모발 끝처리는 가볍게 부체 꼴로 정리하여 스프레이로 고정한다.

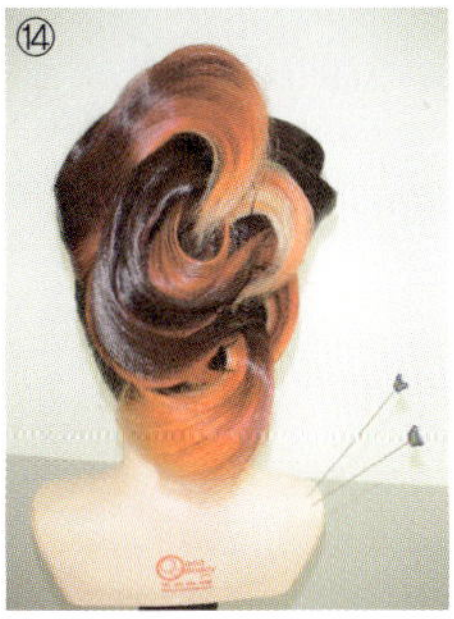

⑬⑭ 나머지 모발은 C커브로 방향을 정하여 S웨이브가 되게 디자인한다.

⑮ 땋기로 디자인해놓은 피스를 구도에 맞게 N.P에 고정한다.

⑯ 대핀 으로 피스 고정하여 모발끝처리는 가볍게 펴서 스프레이를 이용하여 고정한다.

⑰ 사이드에 땋기로 디자인한 피스를 대핀 으로 고정하고 분수모양의 피스를 원통상의 롤뱅에 포인트 디자인을 한다.

⑱~⑳ 형태의 구도에 맞게 액세서리로 디자인한다.

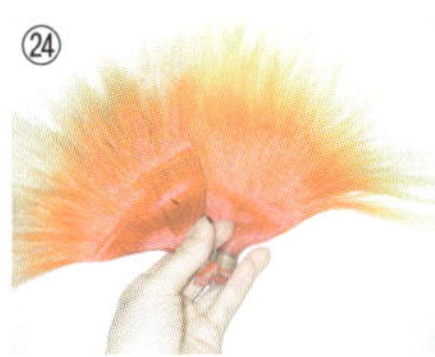

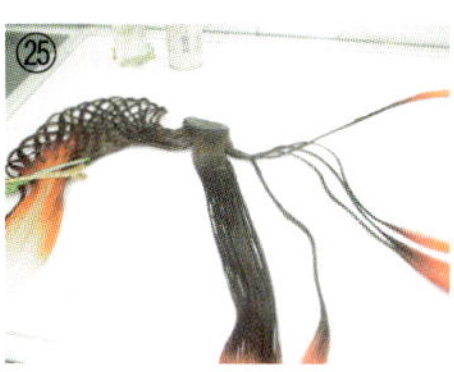

㉑~㉓ 완성된 모습

㉔㉕㉖ 작품에 사용한 헤어 패딩

나의작품 뽐내기

나의작품 뽐내기

6) 비대칭 스타일

전두부와 후두부의 양쪽의 흐름을 균형 있게 한 다음 S웨이브의 선과 면을 조화 있게 디자인하며, 두 가닥 꼬기 기법으로 전두부와 후두부의 디자인을 연결하여 준다.

흰색의 피스를 사용하여 루프의 면에 포인트를 주어 화려함을 표현하였다.

검정갈색의 모발에 흰색피스와 액세서리가 현대적 감각에 맞게 생동감과 부드러움을 자연스럽게 연출한다.

작품발표에 참고할 수 있는 현대 감각에 맞는 시뇽 비대칭 스타일이다.

7. 고전머리의 실제

1) 조선시대 미용사 수모(首母)

조선왕조실록에 수모라는 용어가 처음 등장하는 곳은 연산군일기 3년(1497년) 2월 28일이다. 이어 중종실록 23년(1528년) 7월 2일에는 수식모라는 말이 나오며 이후 후대로 갈수록 대체로 수식모 대신 수모라는 용어를 사용했다. 수모(首母)는 수식모(首飾母)의 준말이다. 민간에서는 수모, 또는 머리어멈이라고 불렀다. 문헌에는 首母라고도 쓰고 手母라로도 쓰는데 手母는 유모(乳母), 보모(保姆), 침모(針母), 표모(漂母), 다모(茶母), 주모(酒母) 등처럼 여염의 일하는 여성을 가리킬 때 같은 부류로 사용한다.

조선의 수모는 궁중에 혼례나 진찬이 있을 때 민간에서 차출할 필요가 있어 생긴 것으로 추정된다. 그러니까 민간에서는 이미 이전부터 머리를 다룰 줄 아는 여인들이 있었다는 것을 의미한다. 이런 사실은 궁에서 일하는 어린 관원들을 수모에게 보내 배워오도록 한 기록으로 알 수 있다. 연산군일기 3년(1497년) 2월 28일 기능적인 면 이외에 필수로 알아야 하는 예법이 있었기 때문에 그들의 수업 연한은 길수밖에 없었고, 나이는 어멈 소리를 들을 만큼 지긋할 수밖에 없었다. 이런 면은 궁중의 상궁과 별반 다르지 않다. 상궁도 나인으로 들어와 온갖 법도와 잡일을 배우면서 15년쯤 지나야 상궁으로 올라설 수 있었다. 나이는 대개 40세 전후가 되었으며, 수모가 일상적으로 가지고 다니는 것들은 연지, 눈썹먹, 분은 기본이며 빗, 비녀, 꽂이, 빗치개, 조두박, 분합, 다리, 새앙머리, 쪽, 첩지, 보조 다리, 보조 비녀 등을 소지하고 다녔다.

(1) 중국의 전통머리

중국의 대표적인 머리 형태를 살펴보면 높게 올린 고계인과 양쪽으로 갈라서 묶은 쌍계 머리가 있다. 중국 머리의 기본적인 틀은 가운데 가르마를 하여 뒤로 묶었으며 높게 틀어 올렸다. 양쪽으로 갈라서 상투머리를 틀어 올린 '양파두'는 주로 나이어린 여성들에게 많이 이용된 스타일이다. 양쪽 갈래머리에 아래로 길게 늘어뜨린 모양과 한쪽으로 치우치게 하여 올린 머리모양은 당시 헤어에 관심이 많아 다양한 스타일을 선보인 것으로 보인다. 또는 아치 모양의 가발

추마계(북위)

비천계(오호십륙국)

경곡계(당)

모란두(청)

위로 꽃송이를 장식한 대립 시 똬리를 틀어 평평하게 높게 올린 스타일 등이 있다. 결혼 후에는 땋은 머리를 머리위에 틀어 둥글게 감아서 두개의 상아비녀로 고정 시켰다.

(2) 일본의 전통머리

17세기 후반기부터 일본의 여인들은 양쪽으로 땋은 머리를 하든지 반머리를 하여 반머리와 흘러 내려온 머리 형태를 이루고 있다. 대표적인 스타일에는 형곡 과 하곡 이 있는데 위의 그림과 같이 형곡은 일본 전통결혼식인 환곡 스타일의 변형으로 층층이 머리와 장식품을 사용 하였다. '하곡인'은 부분머리는 상투머리형으로 묶어 주고 나머지 머리는 자연스럽게 길게 흘러내리는 여성스러운 스타일이다.

승산곡(에도시대)

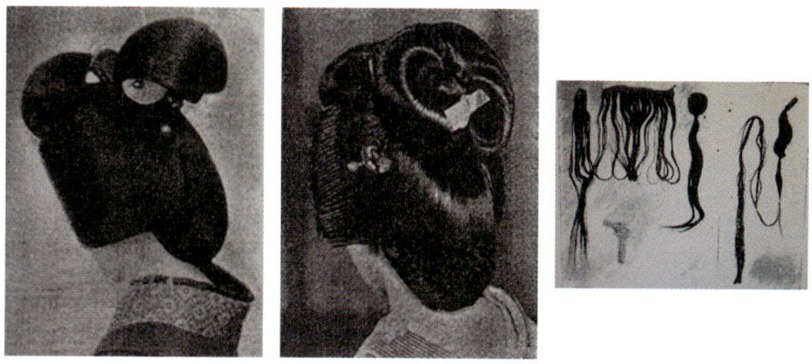
환곡(에도시대 – 조선후기)

(3) 한국의 전통머리

부녀자들의 머리에 다리[月子]를 드리는 일이 전국에 유행하는 사치 풍조가 일어, 다리 하나의 값이 수백 금(金)이 되니 가난한 사람은 혼례 때에 신부가 쓸 다리도 마련하기 힘들 지경이었다. 영조(英祖)가 이런 폐습을 엄금하였으나, 세월이 흐름에 따라 다시 유행하자 1788년(정

12적등의 대수

녹원삼 거두미

어여머리

노의 화관

조 12) 정조가 신하들의 의견을 따라 제정하였다.

대수의 형태 현재 전해져 오는 유물은 네 가지이다. 시대 순으로 열거해보면 1866년 고종 15세, 명성황후 16세 운현궁에서 가례 때 대수, 1895년 의친왕비 가례 때 대수, 1904년 황태자비로 책봉 때 태자빈 윤씨의 대수, 1922년 종묘 가례 때 영친왕비의 대수를 볼 수 있다.

19세기 초에 그려진 것으로 미인도 오쿠라콜렉션은 추정되고 있다. 일제 때 우리나라 문화재를 일본으로 불법 반출한 오쿠라의 수집품 속에 있는 것으로 동경박물관에 기증되어 있는 미인도이다. 작자는 미상이다.

미인도 신윤복

기녀(김홍도)

미인도 오쿠라콜렉션

대수의 전면

머리에 대해 당당한 자기주장을 가지고 있는 기녀의 입장을 대변해준다. 다리를 넣어 제대로 된 형식을 갖춘다는 건 기녀의 자존심이기도 했다. 이인문은 그런 기녀의 머리를 표현하고 있다. 그림은 미인도 중에서도 가장 유명하다. 그러나 상투적인 표현대로 화용월태니 단순호치니 하는 말을 이 미인도에 적용한다는 건 무의미하다. 머리가 먼저 보이기 때문이다. 미인의 신분은 기녀이며 머리는 전형적인 트레머리이다.

단오풍정 신윤복

기방 유운홍

추천 신윤복

이렇게 우선 머리를 실타 레처럼 만들었을 것이다. 그 과정에서 머릿기름을 발랐고, 그 양이

적지 않았을 것이므로 위그림 처럼 다루기 위해 마를 때까지 기다리고 있는 장면으로 보인다.

고전머리는 고려를 거치면서 이미 복합적인 형태로 변해왔으며 조선에 이르러서는 오히려 조선 나름의 형태를 갖추게 되었다. 이런 면이 바로 조선시대 고전머리의 매력이라고 할 수 있다. 조선은 후기로 갈수록 자기 스타일을 지키기 위해 노력했으며 그 변화를 주도한 계층은 명부 층이었다.

2) 삼국시대 여인 머리모양

반환계

벽화직녀 쌍환계

유화부인

얹은머리

궁녀 쌍환계

3) 고려시대 왕비머리

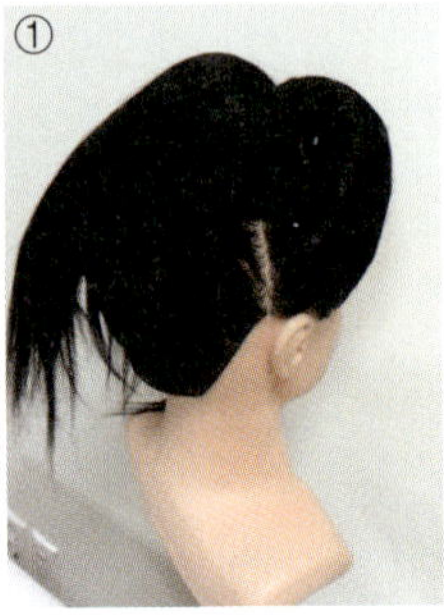

① 앞머리는 가체를 사용하여 볼륨감을 높여준다

② 대핀 으로 일자모양기법 사용하여 단단히 고정하여준다.

③ 두정 부는 볼륨감을 높이기 위해 땋아놓은 가체를 돌려 대핀 으로 고정하여 준다.

④ 두 번째단 앞머리볼륨은 근대화로 표현하기 위대 땋아놓은 달비를 사용하여 표현한다.

⑤ 높은 볼륨의 머리다발은 속비녀를 사용하여 고정한다.

⑥ 두 번째 앞머리 볼륨단 위에 달비를 돌려 마무리한다.

⑦⑧ 볼륨감이 크기 때문에 대핀 고정이 어려운 관계로 속비녀로 힘 있게 고정한다.

⑨~⑭ 비녀와 뒤꽂이, 장신구를 꽂아 마무리한다.

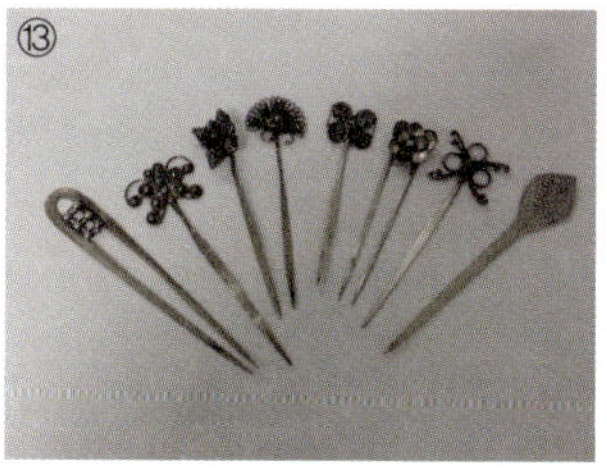
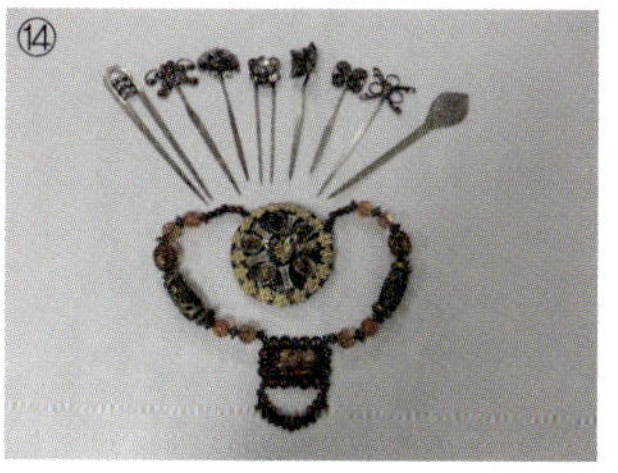

⑮~⑰ 작품에 사용한 장신구와 달비

4) 배씨 · 땋은 머리모양

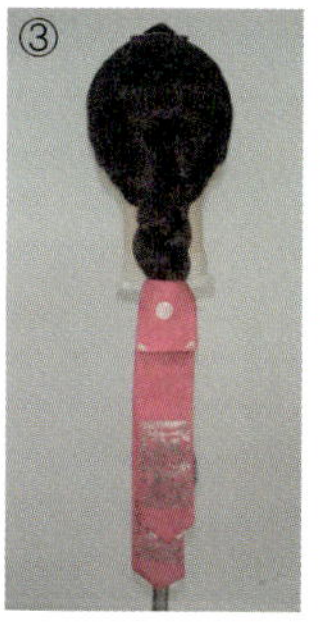

①② 배씨 댕기는 어린이의 머리 중앙에 올려놓고 양쪽으로 보조 댕기인 끈이 연결되어 있어 이것으로 짧은 머리카락을 함께 엮어 뒷머리에 고정시킨다.

③ 조선시대 여성이 태어나 처음으로 한 머리모양은 땋은 머리이며 아직 머리카락이 짧아 뒤로 함께 할 수 없는 머리카락을 배씨 댕기를 엮어 양쪽 끈으로 짧게 땋은 머리카락과 함께 뒤로 땋아 내린다.

④ 배씨댕기, 보조댕기, 말뚝댕기

5) 쪽머리모양

한국여성들의 대표적인 전통 고전 머리모양이다. 쪽머리를 하는 방법은 우선 가르마를 타고 양쪽으로 곱게 빗어 뒤로 땋아 댕기로 끝머리를 묶어 쪽을 만들어 비녀로 고정시켰다. 남편이 있는 여자는 자주색 댕기를 드렸고, 과부는 검정색, 상을 당한 사람은 흰색으로 하였다.

①② 정중선에 앞가르마를 탄다. 두피에서 모발이 뜨지 않게 낮은 각도에서 빗질하여 헤어제품을 이용하여 모발을 두피에 밀착시켜 이마 중앙에서부터 헤어 망을 씌워 목네이프 중앙에 낮게 묶는다.

③ 손등이 앞을 보게 하고 일자로 달비를 편다.

④ 왼쪽 엄지는 묶은 기둥을 잡고 나머지 손가락은 묶은 기둥을 잡는다.

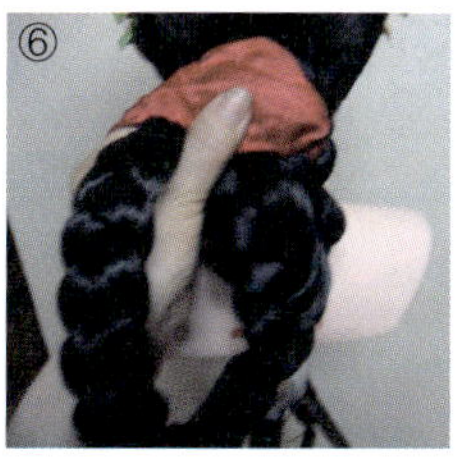

⑤⑥ 왼손으로 쪽의 기둥을 잡고 오른손으로 댕기를 돌린다.
감싸 안은 댕기 끝은 시침핀으로 꽂아 풀어지지 않도록 한다.

⑦ 비녀의 자리를 찾으며 쪽의 모양을 만들어 정착시킨다.

⑧ 비녀를 오른쪽에서 왼쪽으로 수평을 향해 꽂아준다.

⑨ 헤어 망을 쪽에 돌려 감추어준다

⑩~⑫ 뒤꽂이는 달비와 본 머리를 홈질하듯 꽂아 준다.

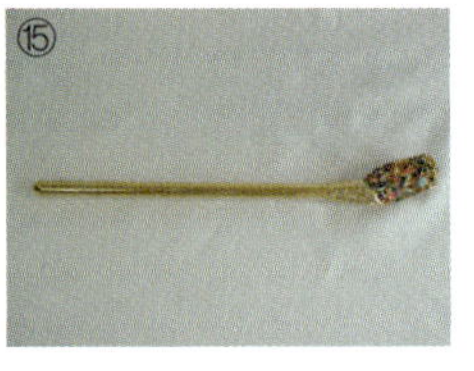

⑬~⑯ 달비, 비녀, 쪽댕기

6) 첩지 · 화관머리모양

① 쪽머리모양

②~④ 첩지는 예장시 쪽진 머리에 가르마를 꾸미던 장식품으로 오로지 쪽진 머리에만 그 용도가 한정되어 사용되었던 장식이다. 첩지는 쪽머리 앞가르마 중심에 꽂는 장신구이다.

⑤ 쪽머리

⑥ 쪽머리위에 검정색 족두리 영·정조 때 가체 금지령이 내려진 후 일반화 되었다.

⑦ 꽃으로 장식한 관기머리 족두리

⑧ 혼례 때나 경사 때에 화관을 쓰도록 하였다.

⑨ 용비녀의 쪽머리 모양이다.

⑨~⑫ 예복이나 활옷, 당의 착용 시에 화관을 사용하였으며, 서민도 혼례 때 착용할 수 있었다.

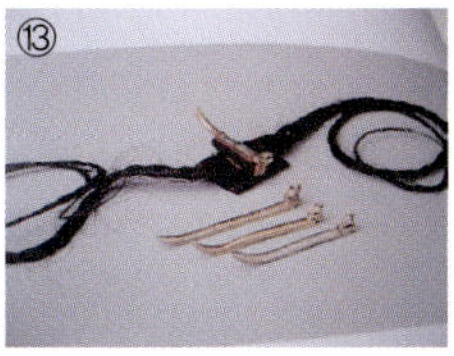

⑬ 첩지머리 ⑭ 족두리 ⑮⑯ 화관

7) 얹은머리모양

얹은머리는 개화기 때 기생들의 머리에 자주 등장했다. 왕조시대가 기울면서 점차 사라지더니 함경도쪽 여인들만이 얹은머리 모양을 하고 있었다고 한다.

8) 거두미 머리 모양

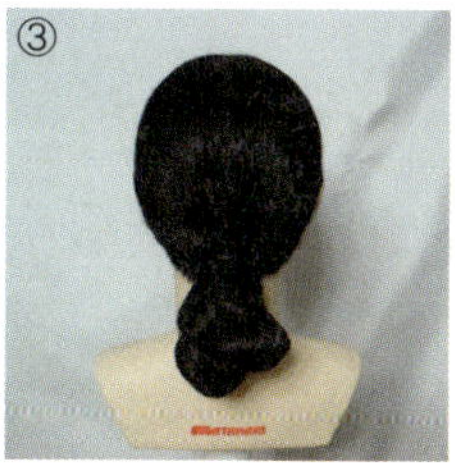
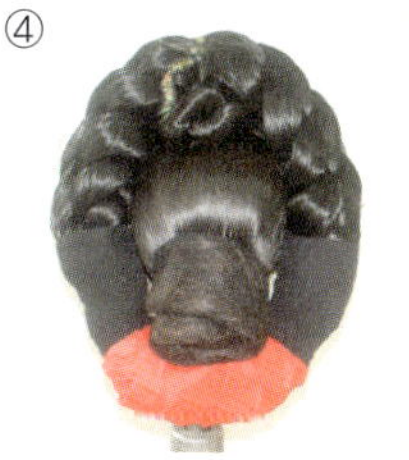

① 달비, 어염족두리, 떨잠2, 선봉잠1, 쪽댕기
② 떠구지의 길이는 38.5cm~42cm 정도이고 폭은 20~23.5cm정도로 나무 전체를 흑칠하고 마치 머리를 땋은 것처럼 음각되었다.
③ 세 가닥으로 땋아 쪽의 기둥을 만든다.
④ 어유미의 머리모양

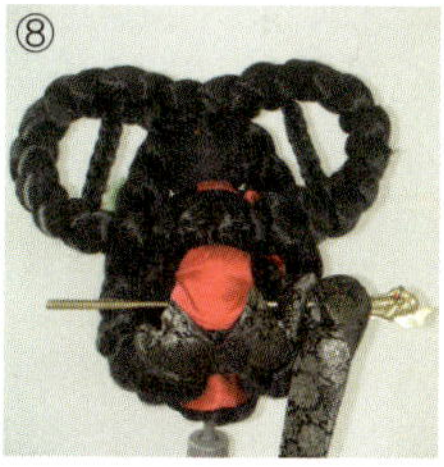

⑤⑥ 거두미 머리모양의 앞과 뒷모습
⑦⑧ 거두미를 얹은 앞과 뒷모습의 머리모양

⑨~⑫ 거두미의 목재 가발에는 무늬가 새겨져 있다. 다리를 엮어 놓은 형상이다. 거두미를 모발로 했다는 것은 가체를 많이 사용했다는 것을 의미하는데 그때의 비용은 대단했을 것이다.

9) 조선시대 오른쪽방향 트레머리

영조. 정조 시대에는 서민층도 하였으며 가체를 두 가닥으로 꼬아 머리에 둘러 꽂이로 고정을 하면서 높게 얹어 형태를 만든 다음 장신구를 사용하여 마무리한다. 가체란, 수체(首髢), 체자(髢子), 체발(髢髮), 가발(假髮), 가체(加髢)등과 구분되지 않고 사용 되었다.가체를 이용하여 두발에 자유롭게 부착하고 개인의 미적 성향을 표현 할 수 있었던 가체의 일종인 것이다.

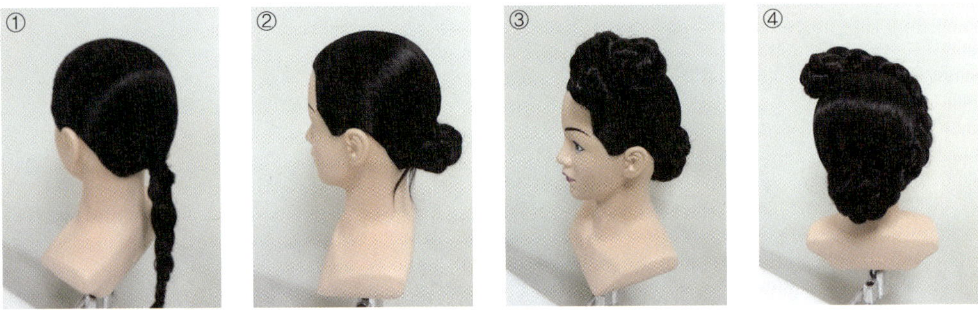

① 세 가닥 땋기 머리를 한다.
② 땋은 머리를 안쪽으로 돌려말아 접어 가체머리 올릴 기둥을 만든다.
③④ 세 가닥 땋아 오른쪽으로 가체 기둥 토대를 만든다.

⑤ 가체를 올리기 위해 토대를 만든 형태의 앞모습
⑥~⑧ 가체를 기둥에 고정하여 오른쪽으로 틀어 T.P에 속비녀로 고정한다.

⑨ 두 번째 가체를 올리기 위해 속비녀로 단단하게 고정한다.

⑩~⑫ 두 번째 가체를 속비녀를 사용해 올려 높게 고정한다.

⑬⑭ 머리모양을 크게 표현하는 것은 미의식이 살아 있다는 것을 의미하기도 하고, 여성의 지위가 상승되어 있다는 점을 말해주는 것이기도 했다.

⑮⑯ 비녀, 장신구, 가체를 사용해 완성된 모습이다.

⑰~⑳ 머리에 장식품으로 장식하여 마무리한다. 조선에는 다리를 높이 올린 머리 형태가 유행하고 있을 때, 조정에서는 그를 사치풍조로 단정 짓고 단속하기 시작했고, 국가가 여성의 머리 형태에 관여한 것이다.

㉑

㉒

㉓

㉑㉒㉓ 트레머리에 사용한 가체와 장신구이다.

10) 기녀 트레머리

여러 형태의 조선시대 기녀들의 트레머리 모양을 현대 업스타일로 응용하여 완성하여 봅시다.

11) 조선시대 왼쪽방향 트레머리

트레머리의 형태는 비대칭의 구조를 이루고 있다. 트레머리에도 가체 사용의 다(多) 소(少)와 가체의 사용법에 따라 다양한 머리를 할 수 있으며 조선후기 여인들은 가체를 이용하여 아름답고 다양한 연출을 하였다. 머리모양은 한쪽으로 치우치고 가리마 선은 보이지 않고 양감에 따라 강조점이 다르게 보인다. 다수의 비대칭적인 머리의 형이 개성미를 보여주며 강조 부분의 위치가 내려오면서 감각적이고 관능적인 이미지를 보여준다.

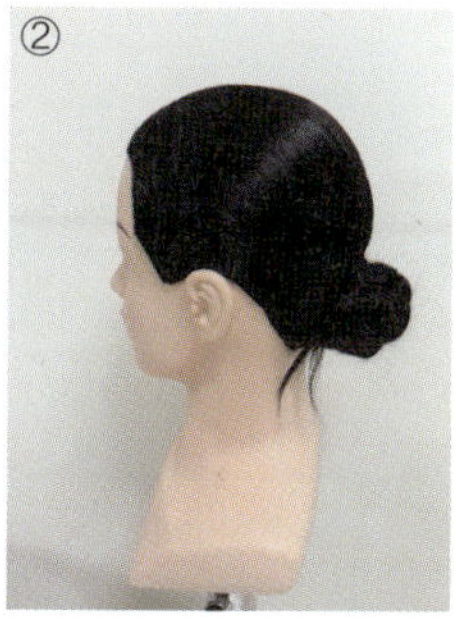

① 세 가닥 땋기 머리를 한다.

② 뒤쪽에 묶은 머리를 세 가닥으로 땋아서 주먹크기만큼 또아리를 만들어 핀으로 고정시킨 다음 머리 망으로 감싸준다.

③④ 세 가닥 땋아 왼쪽으로 가체 기둥 토대를 만든다.

⑤ 가체를 올리기 위해 토대를 만든 형태의 앞모습

⑥~⑧ 가체를 기둥에 고정하여 왼쪽으로 틀어 T.P에 속비녀로 고정한다.

⑨⑩ 두 번째 가체를 올리기 위해 속비녀로 가체 단이 틀어지지 않게 단단하게 고정한다.

⑪⑫ 비녀와 뒷꽂이를 이용해 장식한다.

⑬⑭⑮ 완성된 트레머리 형태이다. 트레머리의 형태는 가르마를 타서 뒤로 넘긴 두발을 본 머리로 하여 묶고 그 위에 땋거나 엮은 가체를 여러 개를 얹어놓은 형태이며 반가녀의 비대칭 구조를 하고 있다.

⑯~⑱ 트레머리에 사용한 비녀, 장신구, 가체이다.

12) 대수 머리모양

수식품의 종류

① 후봉장(後鳳簪)

② 백옥선봉잠

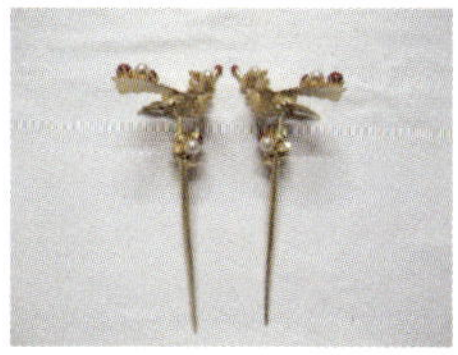
③ 대봉잠

④대유반자

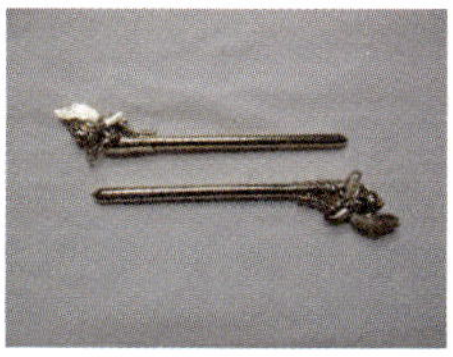
⑤ 용잠

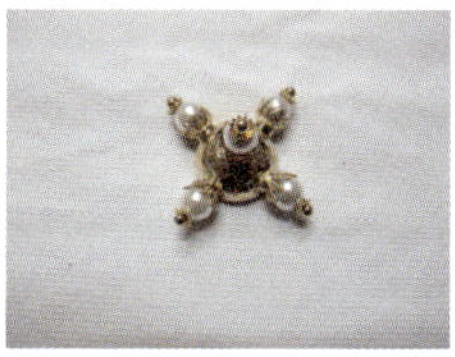
⑥ 도금진주계

⑦ 떨잠. 선봉잠

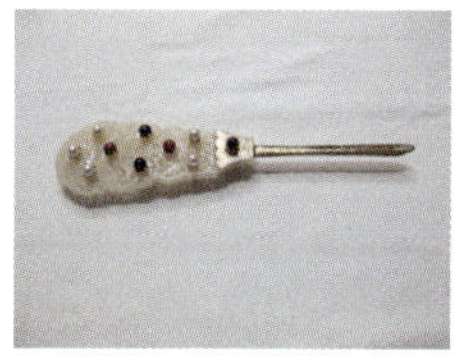
⑧ 장잠

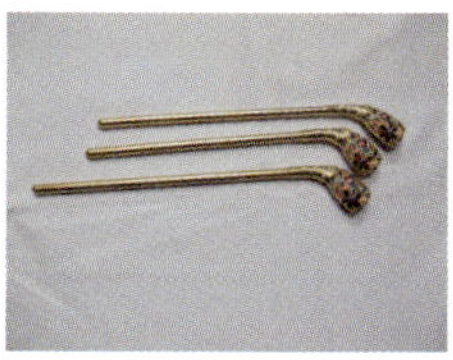
⑨ 가란잠

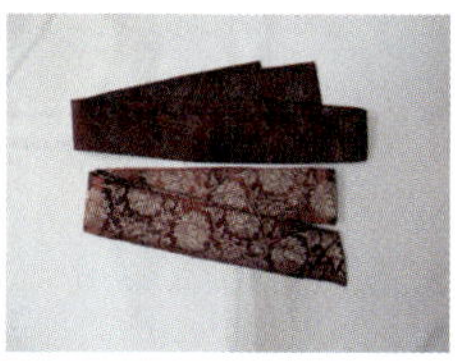
⑩ 금직머리띠. 댕기

⑪ 달비

⑫ 새앙머리

(1) 윤황후 대수머리모양(장잠)

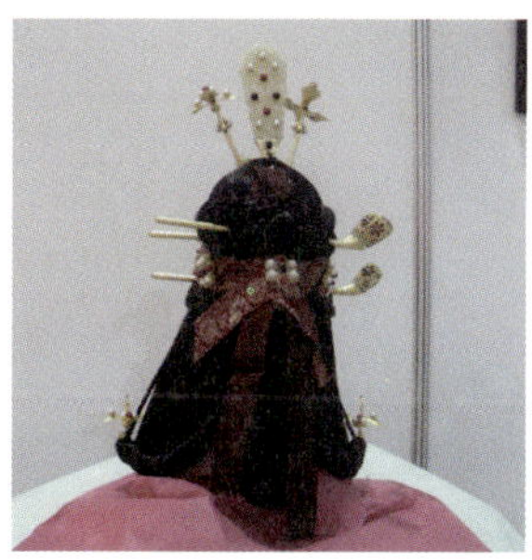

(2) 영친왕비 대수머리모양(백옥선 봉잠)

(3) 명성황후 대수머리모양(족두리, 화관)

현재 운현궁 자료실에 재현되어 있는 명성황후 대수는 운현궁에서 재현할 때 모습이다. 의친왕비 대수는 실물이 아니고 사진으로만 전해진다. 윤황후와 영친왕비 대수는 1922년의 가족사진 안에 보이는 것이다.

윤황후

영친왕비

의친왕비

명성황후는 족두리가 분명하고 의친왕비는 장잠으로 보이는 것이 두 개, 윤황후와 영친왕비는 분명하게 보이지 않지만 족두리와 장잠이 보이는 형태가 있다. 가장 큰 차이점은 조선 멸망 이전과 이후에 제작된 것이라는 점이다. 영친왕비 대수는 왕조가 멸망한지 12년 후에 사용된 것이다. 이 사실로 알 수 있는 것은 대수의 형태가 일정하게 전해지지 않고 있다. 현재 영친왕비 대수는 비녀가 꽂힐 부분에 표시만 해놓고 해체되어 있는 상황이라고 한다.

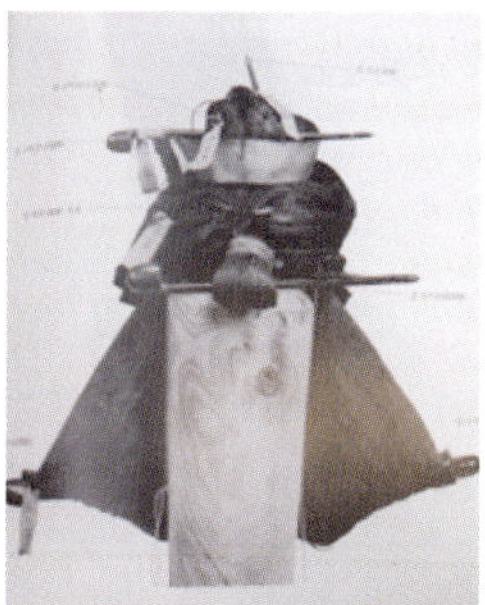
영친왕비 대수 전면

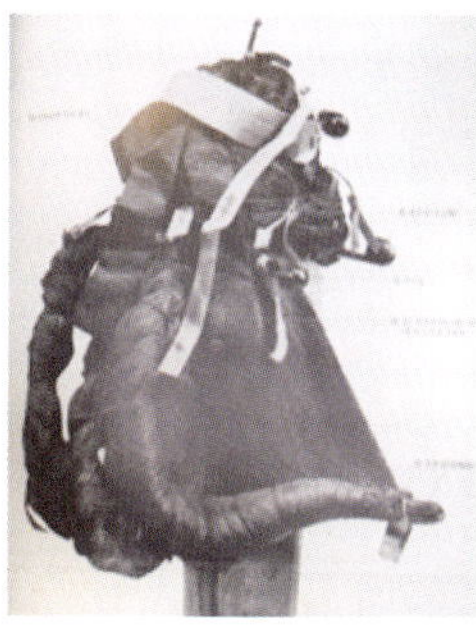
측면

후면

업스타일에 필요한 **미용용어정리**

- **형태 :** 모양, 크기, 방향의 구성요소들로 이루어져 있고 이 구성요소들은 완성된 스타일을 변화시킬 수 있는 중요한 역할을 한다.
- **방향 :** 디자인 내에서 머리의 움직임을 뜻하며 디자인의 역동성에 중요한 역할을 한다.
- **질감 :** 표면의 모양으로 거칠다, 매끈하다, 무겁다, 가볍다 등으로 나타낸다.
- **색상 :** 깊이, 면적, 질감의 착시현상을 일으키는 디자인요소로 원근법과 명암법을 사용한다.
- **명암 :** 헤어스타일에 밝은 색 모발과 어두운색모발이 혼합되어 있는 경우, 어두운 색상은 깊이를 더하고 전반적인 형태에 주위를 집중시키는 반면, 밝은 색상은 형태내의 각각의 모양에 시선을 이끌어준다.
- **색상혼합 :** 입체감을 더해주고 질감에 착시효과를 준다. 모양을 분리시킴으로써 흥미를 더해주기도 한다.
- **토대 :** 형태를 고정시키는 경우 작업이 용이하고 형태를 안정되게 유지할 수 있다. 머리다발이 베이스가 되어 그 부분을 부풀게 함으로써 부분적인 양감(볼륨감)을 얻을 수 있다. 역삼각형이나 타원형 토대가 기본형이지만 디자인에 따라서는 U자형, 다이아몬드형도 사용할 수 있으며 위치와 크기도 변화시킬 수 있다.
- **백콤 :** 디자인의 의도에 따라 모류의 변화를 줄 수 있으며 디자인의 조건과 모발의 상태에 따라 테크닉을 달리하여야 한다. 테크닉 방법에 따라 볼륨감, 방향성, 토대, 움직임, 핀의 고정력 강화, 면의 연결, 모발의 혼합등 다양한 기능을 가지고 있으며, 업스타일 디자인에 매우 중요한 작업이다. 빗살이 섬세할수록 섬세하게 면이 표현되며 빗살이 거칠면 면도 거칠게 나타난다.
- **보비핀 :** 사용목적에 따라 자연스럽게 꽂을 수 있고, 탄탄한 고정을 위하여 머리카락을 꿰매는 것처럼 고정할 수도 있다.
- **스몰핀:** 모량이적고 힘이 없는모발, 면의 볼륨감을 감소시킬 때, 섬세한 부분에 사용한다.
- **유핀 :** 면과 면을 연결시킨다든지 가벼운 지지력을 위해 머리면의 업스타일 마무리 단계에서 쓰는 핀으로써 사용빈도가 높다.
- **핀컬핀 :** 모양이나 웨이브 연출 후 모양이 흐트러지지 않게 하기 위해 일시적으로 고정하는 데 사용한다.
- **대핀 :** 많은 양의 모발을 고정시킬 때, 두꺼운 스트렌드를 회전시켜 고정할 때 사용한다. 숱이 적은 모발에는 고정력이 떨어진다.
- **스타일링 콤 :** 백콤, 볼륨감 있는 컬의 형태를 잡거나 앞머리의 플러프뱅을 스타일링 할 때 사용한다.
- **쿠션 브러쉬 :** 두상의 곡면을 따라 텐션을 균일하게 넣을 수 있고 많은 모량을 컨트롤하거나 넓은 면에 사용되어 스타일을 형성하는 큰 흐름을 만드는데 사용된다.
  텐션을 약하게 주어 사용하며 면을 끌어모을 때, 백콤을 정리할 때, 뱅을 만들 때 사용되어진다.
- **셋팅의 목적 :** 웨이브, 모발끝 변화의 방향감, 움직임, 볼륨을 만들기 위해.
- **업스타일:** 올림머리, 얹음머리, 머리 모양의 기본 중 하나로 머리를 두정부에서 한데 합친 머리의 총칭.
- **엘레강스 :** 우아, 우미, 품격 높은, 바르고 우아함, 자연스럽게 감도는 부드러운 미.

- **커치프(kerchief) :** 목면, 실크혹은 울지의 사각형이나 장방형의 천. 본래는 머리에 쓰는 것.
- **얹은머리 :** 기혼여성의 일반적인 머리 형태로 양반가의 여성들은 가체를 사용하여 풍성하게 꾸몄으며 가체금지령 이후 점차 사라지게 되었다.
- **어여머리:** 대례복 착용 시 크게 땋아 올린 예장용 머리 형태이다. 왕비나 공주, 옹주, 지체 높은 지밀상궁 등만 할 수 있었다.
- **새앙머리:** 여자아이들과 궁중 아기나인의 머리 형태이다.
- **대수머리:** 궁중에서 대례의식용으로 왕비가 하던 머리 형태이다.
- **떠구지머리(큰머리):** 궁중의식 때 하던 머리 형태로 떠구지를 이용하여 큰머리 모양을 만들어 얹었다.
- **쪽머리:** 가장 역사가 오래된 형태로 기혼 여성의 보편적 머리 형태이다. 가체금지령은 쪽머리를 관장하였다.
- **첩지머리:** 예장용 머리 형태로 신분에 따른 첩지를 사용하였다.
- **스파이럴 와인딩(wpiralwrap):** 나선형으로 감는 방법으로서 모근에서 모발 끝 쪽을 향해 로드를 감싼다.
- **크로키놀 와인딩(croquignolewrap):** 원형으로 감는 방법으로서 모발 끝에서 모근 쪽을 향해 겹쳐 말린다.

참고자료

국제헤어디자인연구회(2011). C-3 UP STYLE, 청구문화사.

김수정(2005). 한국미용100년, 동서교류.

김진수(2009). Hair Setting & Iron & Blow Dry, 청구문화사.

김진수(2009). 조선시대 궁중여성 수발양식에 관한 고찰 및 재현, 서울벤처대학원대학교, 박사논문.

김진수(2011). 한국의 시대적 머리모양 변천사, 서울: 국회의사당 개인전, 경춘사.

김환(2001). 열두손가락 업스타일 기술편, 도원출판.

김환(2010). 열두손가락 업스타일 II 형의 비밀편, 도서출판 도원.

남진수. 한송이 외8명(2013). 뷰티디자인, 형설출판사.

소영진 · 김진수등1인(2007). 베이직 업스타일, 훈민사.

이복자 · 문재원(2007). 업스타일, 대원.

이효숙 등 4인(2004). 업스타일 이론과 실제, 청구문화사.

임경근(2003). Professional Hair Mode, 광문각.

임경근(2003). HAIR DESIGN & ILLUSTRATION, 광문각.

장선일. 박정수 외10명(2005). 미용학개론, 광문각.

패션전문자료사전(1997). 패션전문자료편찬위원회, 한국사전연구사.

한국고전용어사전(2001). 세종대왕기념사업회.

한국민족문화대백과, 한국학중앙연구원.

한국미용장협회(2006). 고려시대두발재현전. 이섭문화사.

http://terms.naver.com/entry.nhn?docId=290629– 17세기 바로크시대

http://blog.naver.com/artsfocus?Redirect=Log&logNo=20045871529

업스타일
UP STYLE

지은이 김진수 · 정원지
발행인 안중기
발행처 도서출판 경춘사
등록번호 제10-153(1987. 11. 28)

인쇄 2016년 2월 20일
발행 2016년 2월 29일

서울시 마포구 마포대로 14길 31-9
경춘빌딩 101호

전화 (02)716-2502, 714-5246
팩스 (02)704-0688
홈페이지 www.kcpub.co.kr

값 **19,000**원

ISBN 978-89-5895-153-7 93590